高等职业教育"十三五"规划教材(移动互联应用技术专业)

Android 开发基础教程

黄日胜 谢志伟 杨 凌 杨琳芳 编著

中国水利水电出版社
www.waterpub.com.cn
·北京·

内 容 提 要

Android 应用目前基本上是基于 Java 来进行开发的。Java 是当前网络程序应用最为广泛的一种面向对象语言，具有平台无关性、安全性、分布性、多线程等特点。本书以引导任务—知识解析—实训任务这一过程进行内容编排，以当前使用广泛的 Eclipse 开发平台进行案例开发。

本书共分两部分十个单元进行讲解，通过任务引领的方式有效地融合 Java 基础知识、Android 基础及应用等内容。同时每一单元还配有相应的习题或训练任务。本书讲解详细、深入浅出、可操作性强，可作为大中专院校、各类计算机培训学校的 Android 应用基础教材。

图书在版编目（CIP）数据

Android开发基础教程 / 黄日胜等编著. -- 北京：中国水利水电出版社，2018.9
高等职业教育"十三五"规划教材. 移动互联应用技术专业
ISBN 978-7-5170-6833-4

Ⅰ. ①A… Ⅱ. ①黄… Ⅲ. ①移动终端－应用程序－程序设计－高等职业教育－教材 Ⅳ. ①TN929.53

中国版本图书馆CIP数据核字(2018)第207906号

策划编辑：陈红华　　责任编辑：张玉玲　　封面设计：李　佳

书　名	高等职业教育"十三五"规划教材（移动互联应用技术专业） **Android 开发基础教程** Android KAIFA JICHU JIAOCHENG
作　者	黄日胜　谢志伟　杨　凌　杨琳芳　编著
出版发行	中国水利水电出版社 （北京市海淀区玉渊潭南路1号D座　100038） 网址：www.waterpub.com.cn E-mail: mchannel@263.net（万水） 　　　　sales@waterpub.com.cn 电话：（010）68367658（营销中心）、82562819（万水）
经　售	全国各地新华书店和相关出版物销售网点
排　版	北京万水电子信息有限公司
印　刷	三河市铭浩彩色印装有限公司
规　格	184mm×260mm　16开本　14.75印张　356千字
版　次	2018年9月第1版　2018年9月第1次印刷
印　数	0001—3000 册
定　价	37.00元

凡购买我社图书，如有缺页、倒页、脱页的，本社营销中心负责调换
版权所有·侵权必究

前　　言

目前，Android应用十分广泛，多数Android应用都是基于Java进行实现的。高等教育正不断进行教学改革，提倡以岗位为向导，以任务驱动、教学做一体的模式进行教学。教材是教学改革思想和教学实践成果的固化载体，为了使本教材更能体现当前教学改革思想，内容更接近实际岗位的应用需要，作者通过对Android应用程序开发、维护人员岗位职业能力要求的调研，并分析其工作过程与任务，按照素质、知识与能力、职业资格标准等要求，将Android开发人员的工作流程与课程所对应的理论知识与实践知识进行合理有效的整合，最终形成教材内容。同时，本教材采用更有利于实施任务驱动、教学做一体的教学模式来组织编写。本书的主要特点如下：

（1）面向教学全过程设置内容，循环递进地组织教学内容。在内容组织上，本书每一单元均分若干阶段进行，每一阶段即为一个结合相对系统的、紧密的知识群，并按照引导任务—知识解析—实训任务这一过程展开。在引导任务中注重示范，包括知识点的应用、程序设计思路与步骤、编码与测试等工作；知识解析主要是教师对任务中的知识点进行讲解，解析中还有知识样例辅以示范，以加深学生对知识点的认知程度；实训任务主要是由学生自己完成，以提高知识的应用能力，可根据课时的要求安排在课内或课外完成。

（2）针对职业岗位需求，课证结合，体现主流技术。在职业岗位的指引下，围绕项目任务进行技能训练，以便学会Java基础知识、Android应用基础等内容。结合当前流行的IDE，即Eclipse，讲解了Java程序设计的过程、编码、调试、部署生成等工作。本书中的项目均采用Eclipse工具进行开发，以便更好地结合目前工作岗位的实际情况，融入职业规范，提升学生的职业意识。

本书共分两部分。第一部分为Java基础篇，主要包括构建应用程序开发环境、利用符号构建Java语句、利用控制结构实现程序业务逻辑、设计应用程序的类与接口、利用数组与类库构建程序等5个单元，系统地介绍了Java基础知识、面向对象、Java数组与常用类库。第二部分为Android应用篇，主要包括构建Android程序开发环境、Android用户界面设计、Android交互式通信程序设计、Android手机程序的数据存取、Android程序的媒体应用等5个单元，详细地介绍了Android组件、Java事件、线程、Android交互式通信、Android数据存取、Android媒体应用等内容。内容安排合理，讲解循序渐进，既能体现任务驱动、教学做一体的思想，又能系统地将各知识点有机结合。

本书由黄日胜（河源职业技术学院）、谢志伟（东莞职业技术学院）、杨凌（河源职业技术学院）、杨琳芳（河源职业技术学院）编著。黄日胜负责对本书的编写思路和大纲进行总体策划，并对全书统稿。具体分工如下：4～7单元由黄日胜编写，1、2、8单元由谢志伟编写，3、9、10单元由杨凌和杨琳芳共同编写。

由于编者水平有限，书中难免会有错误与不足，敬请广大读者批评指正。

编　者
2018年5月

目　　录

前言

第一部分　Java 基础篇

单元 1　构建应用程序开发环境 ……………… 2
　1.1　引导资料 ………………………………… 2
　　1.1.1　Java 的由来 ………………………… 2
　　1.1.2　Java 的特点 ………………………… 3
　1.2　阶段任务实施 …………………………… 3
　　1.2.1　[引导任务 1-1] 建立餐饮系统的
　　　　　 开发环境 ………………………… 3
　　1.2.2　[引导任务 1-2] 用 Java 程序输出
　　　　　 餐饮系统的作者姓名 …………… 4
　　1.2.3　[引导任务 1-3] 用 Java 程序输出
　　　　　 餐饮系统的作者姓名和运行时间 … 6
　1.3　知识解析 ………………………………… 7
　　1.3.1　开发 Java 程序的步骤 …………… 7
　　1.3.2　认识 Java 包 ……………………… 7
　　1.3.3　包声明 ……………………………… 7
　　1.3.4　import 语句 ……………………… 8
　　1.3.5　认识 Java 类 ……………………… 8
　　1.3.6　认识 main 方法 …………………… 8
　　1.3.7　输出打印 …………………………… 8
　　1.3.8　连接符号 …………………………… 9
　　1.3.9　初学者常犯错误 …………………… 9
　　1.3.10　断点调试 ………………………… 9
　1.4　训练任务 ………………………………… 9
　1.5　课外习题 ………………………………… 10
单元 2　利用符号构建 Java 语句 ……………… 12
　2.1　[引导任务 2-1] 输出一次餐饮消费
　　　 中的消费清单 ……………………………… 12
　　2.1.1　任务目标与要求 …………………… 12
　　2.1.2　实施过程 …………………………… 12

　　2.1.3　知识解析 …………………………… 13
　　2.1.4　训练任务 …………………………… 17
　2.2　[引导任务 2-2] 输出会员在一次餐饮
　　　 消费中的消费清单 ……………………… 17
　　2.2.1　任务目标与要求 …………………… 17
　　2.2.2　实施过程 …………………………… 18
　　2.2.3　知识解析 …………………………… 19
　　2.2.4　训练任务 …………………………… 24
　2.3　课外习题 ………………………………… 24
单元 3　利用控制结构实现程序业务逻辑 ……… 27
　3.1　[引导任务 3-1] 改进在一次餐饮消费
　　　 中的消费清单的输出程序 ……………… 27
　　3.1.1　任务目标与要求 …………………… 27
　　3.1.2　实施过程 …………………………… 27
　3.2　[引导任务 3-2] 根据餐饮会员的积分值
　　　 判断会员的等级 ………………………… 29
　　3.2.1　任务目标与要求 …………………… 29
　　3.2.2　实施过程 …………………………… 29
　　3.2.3　知识解析 …………………………… 30
　　3.2.4　训练任务 …………………………… 32
　3.3　[引导任务 3-3] 设计出可供三种会员
　　　 等级消费的选择主界面 ………………… 33
　　3.3.1　任务目标与要求 …………………… 33
　　3.3.2　实施过程 …………………………… 33
　　3.3.3　知识解析 …………………………… 34
　　3.3.4　训练任务 …………………………… 36
　3.4　[引导任务 3-4] 输入某顾客一次餐饮
　　　 消费中的消费清单 ……………………… 36
　　3.4.1　任务目标与要求 …………………… 36

3.4.2 实施过程 ……………………… 37	4.4.2 实施过程 ……………………… 70
3.4.3 知识解析：for 循环结构 …… 37	4.4.3 知识解析 ……………………… 71
3.4.4 训练任务 ……………………… 39	4.4.4 训练任务 ……………………… 77

3.5 [引导任务 3-5] 设计餐饮系统的
　　登录界面 ……………………………… 40
　　3.5.1 任务目标与要求 ………………… 40
　　3.5.2 实施过程 ………………………… 40

3.6 [引导任务 3-6] 设计餐饮系统退出
　　时的界面 ……………………………… 41
　　3.6.1 任务目标与要求 ………………… 41
　　3.6.2 实施过程 ………………………… 41
　　3.6.3 知识解析 ………………………… 42
　　3.6.4 训练任务 ………………………… 43

3.7 [引导任务 3-7] 用程序描述顾客点菜
　　的过程 ………………………………… 44
　　3.7.1 任务目标与要求 ………………… 44
　　3.7.2 实施过程 ………………………… 44
　　3.7.3 知识解析 ………………………… 45
　　3.7.4 训练任务 ………………………… 48

3.8 课外习题 ……………………………… 48

单元 4　设计应用程序的类与接口 ……… 51
4.1 引导资料 ……………………………… 51
　　4.1.1 面向对象的基本概念 …………… 51
　　4.1.2 面向对象的特性 ………………… 52

4.2 [引导任务 4-1] 定义菜品类 ………… 53
　　4.2.1 任务目标与要求 ………………… 53
　　4.2.2 实施过程 ………………………… 53
　　4.2.3 知识解析：类的声明 …………… 54
　　4.2.4 成员变量 ………………………… 55
　　4.2.5 训练任务 ………………………… 62

4.3 [引导任务 4-2] 为菜品类添加主方法 … 62
　　4.3.1 任务目标与要求 ………………… 62
　　4.3.2 实施过程 ………………………… 62
　　4.3.3 知识解析 ………………………… 63
　　4.3.4 对象的比较 ……………………… 69
　　4.3.5 训练任务 ………………………… 70

4.4 [引导任务 4-3] 实现餐饮管理系统
　　消费结算功能 ………………………… 70
　　4.4.1 任务目标与要求 ………………… 70

4.5 [引导任务 4-4] 自定义一个用于消费
　　结算的接口 …………………………… 77
　　4.5.1 任务目标与要求 ………………… 77
　　4.5.2 实施过程 ………………………… 77
　　4.5.3 知识解析 ………………………… 79
　　4.5.4 训练任务 ………………………… 80

4.6 课外习题 ……………………………… 80

单元 5　利用数组与类库构建程序 ……… 84
5.1 [引导任务 5-1] 用数组来存取菜谱 … 84
　　5.1.1 任务目标与要求 ………………… 84
　　5.1.2 实施过程 ………………………… 84
　　5.1.3 知识解析 ………………………… 85
　　5.1.4 训练任务 ………………………… 87

5.2 [引导任务 5-2] 利用 Vector 暂存
　　点菜数据 ……………………………… 87
　　5.2.1 任务目标与要求 ………………… 87
　　5.2.2 实施过程 ………………………… 87

5.3 [引导任务 5-3] 利用 LinkedList 暂存
　　蛇体数据 ……………………………… 88
　　5.3.1 任务目标与要求 ………………… 88
　　5.3.2 实施过程 ………………………… 88
　　5.3.3 知识解析 ………………………… 89
　　5.3.4 训练任务 ………………………… 92

5.4 [引导任务 5-4] 获取并过滤打印点
　　菜单输出文件 ………………………… 93
　　5.4.1 任务目标与要求 ………………… 93
　　5.4.2 实施过程 ………………………… 93
　　5.4.3 知识解析 ………………………… 93
　　5.4.4 训练任务 ………………………… 98

5.5 [引导任务 5-5] 输出点菜单信息到
　　文件中 ………………………………… 98
　　5.5.1 任务目标与要求 ………………… 98
　　5.5.2 实施过程 ………………………… 98
　　5.5.3 知识解析 ………………………… 99
　　5.5.4 训练任务 ………………………… 105

5.6 课外习题 ……………………………… 105

第二部分　Android 应用篇

单元 6　构建 Android 程序开发环境 …………… 109
6.1　引导资料 …………………………………… 109
　　6.1.1　Android 的由来 ………………… 109
　　6.1.2　Android 的特点 ………………… 109
6.2　阶段任务实施 ……………………………… 110
　　6.2.1　[引导任务 6-1] 建立 Android
　　　　　程序开发环境 ……………………… 110
　　6.2.2　[引导任务 6-2] 创建 Android
　　　　　虚拟设备 …………………………… 111
　　6.2.3　[引导任务 6-3] 创建第一个
　　　　　Android 应用程序 ………………… 111
6.3　Android 程序解析 ………………………… 112
6.4　Android 系统结构 ………………………… 116
6.5　Android 程序调试 ………………………… 118
6.6　训练任务 …………………………………… 120

单元 7　Android 用户界面设计 ………………… 121
7.1　引导资料 …………………………………… 121
　　7.1.1　用户界面 ………………………… 121
　　7.1.2　事件 ……………………………… 122
7.2　使用 TextView 文本控件 ………………… 123
　　7.2.1　[引导任务 7-2-1] 使用 TextView
　　　　　显示文字 …………………………… 124
　　7.2.2　[引导任务 7-2-2] 使用 TextView
　　　　　显示带背景色的文字 ……………… 124
　　7.2.3　[引导任务 7-2-3] 使用 Style 样式化
　　　　　TextView 文字 …………………… 125
7.3　使用 Button 按钮控件 …………………… 128
　　7.3.1　[引导任务 7-3-1] 使用 Button 按钮
　　　　　事件重设提示文字 ………………… 128
　　7.3.2　[引导任务 7-3-2] 使用带图标的
　　　　　Button 按钮事件重设提示文字 …… 129
7.4　使用 EditText 编辑控件 ………………… 131
　　7.4.1　[引导任务 7-4-1] 使用 EditText
　　　　　制作学生信息录入界面 …………… 131
　　7.4.2　[引导任务 7-4-2] 使用 EditText
　　　　　制作自动提示完成输入程序 ……… 135

7.5　使用布局控件 ……………………………… 137
　　7.5.1　[引导任务 7-5-1] 使用相对布局
　　　　　制作学生登录界面 ………………… 137
　　7.5.2　[引导任务 7-5-2] 使用线性布局
　　　　　制作学生登录界面 ………………… 140
　　7.5.3　[引导任务 7-5-3] 使用绝对布局
　　　　　制作学生登录界面 ………………… 142
7.6　使用选项按钮控件 ………………………… 144
　　7.6.1　[引导任务 7-6-1] 使用单选按钮
　　　　　完成性别选择 ……………………… 144
　　7.6.2　[引导任务 7-6-2] 使用单选按钮
　　　　　组完成兴趣程序语言的选择 ……… 146
　　7.6.3　[引导任务 7-6-3] 使用多选按钮
　　　　　完成兴趣图书的选择 ……………… 148
7.7　使用对话框控件 …………………………… 151
　　7.7.1　[引导任务 7-7-1] 制作一个警示
　　　　　对话框 ……………………………… 151
　　7.7.2　[引导任务 7-7-2] 制作一个课程
　　　　　选择对话框（单选）……………… 152
　　7.7.3　[引导任务 7-7-3] 制作一个课程
　　　　　选择对话框（多选）……………… 154
7.8　使用列表控件 ……………………………… 157
　　7.8.1　[引导任务 7-8-1] 制作一个
　　　　　图书列表 …………………………… 158
　　7.8.2　[引导任务 7-8-2] 制作一个
　　　　　选择图书的下拉列表 ……………… 159
7.9　使用选项卡控件 …………………………… 162
　　[引导任务 7-9-1] 制作一个分类图书界面 ·· 162
7.10　使用进度条控件 ………………………… 164
　　7.10.1　[引导任务 7-10-1] 制作一个模拟
　　　　　　调节音量大小的程序 …………… 164
　　7.10.2　[引导任务 7-10-2] 制作一个图书
　　　　　　评价打分程序 …………………… 166
7.11　WebView 的使用 ………………………… 167
　　[引导任务 7-11-1] 制作一个简单的
　　浏览器 …………………………………… 167

7.12 训练任务 ………………………………… 170

单元 8 Android 交互式通信程序设计 ………… 171

8.1 引导资料 ……………………………… 171
    8.1.1 多线程简介 …………………… 171
    8.1.2 线程的生存周期 ……………… 171
    8.1.3 Java 中线程的创建 …………… 172

8.2 Activity 组件 ………………………… 173
    [引导任务 8-2-1] 页面切换 ………… 175

8.3 Intent 与 Bundle ……………………… 178
    [引导任务 8-3-1] 页面间信息交互 … 179

8.4 Handler ……………………………… 183
    [引导任务 8-4-1] 制作一个进度条
    对话框程序 ………………………… 183

8.5 Service ………………………………… 185
    8.5.1 [引导任务 8-5-1] 制作一个
          服务程序 ……………………… 185
    8.5.2 [引导任务 8-5-2] 制作一个
          电话服务的程序 ……………… 189

8.6 训练任务 ……………………………… 191

单元 9 Android 手机程序的数据存取 ………… 192

9.1 引导资料 ……………………………… 192
9.2 文件存取 ……………………………… 192
    9.2.1 [引导任务 9-2-1] 将游戏用户
          的信息存入文件 ……………… 192
    9.2.2 [引导任务 9-2-2] 将游戏用户
          的信息存入 SD 卡文件 ……… 196
    9.2.3 [引导任务 9-2-3] 将游戏版本
          信息存入文件 ………………… 198

9.3 数据库存储 …………………………… 202
    [引导任务 9-2-1] 制作一个简单的
    图书信息管理程序 ………………… 202

9.4 HTTP 网络存取 ……………………… 210
    9.4.1 [引导任务 9-4-1] 获取网页源码 … 210
    9.4.2 [引导任务 9-4-2] 获取网络图片 … 212

9.5 训练任务 ……………………………… 215

单元 10 Android 程序的媒体应用 …………… 216

10.1 MediaPlayer ………………………… 216
    [引导任务 10-1-1] 制作一个简单的
    音频播放器 ………………………… 216

10.2 SurfaceView ………………………… 220
    [引导任务 10-2-1] 制作一个简单的
    视频播放器 ………………………… 221

10.3 训练任务 …………………………… 225

第一部分　Java 基础篇

单元 1　构建应用程序开发环境

单元 2　利用符号构建 Java 语句

单元 3　利用控制结构实现程序业务逻辑

单元 4　设计应用程序的类与接口

单元 5　利用数组与类库构建程序

单元 1　构建应用程序开发环境

要较快速地进行 Java 应用开发，需借助于良好的开发工具。当前，较为常用的开发工具有 NetBeans、Eclipse。

1. 工作任务

（1）建立餐饮系统的开发环境。

（2）用 Java 程序输出餐饮系统的作者姓名。

（3）用 Java 程序输出餐饮系统的作者姓名和运行时间。

2. 学习目标

（1）能够正确配置 Java 开发环境，并学会使用 Eclipse。

（2）了解 Java 程序的基本结构。

1.1　引导资料

1.1.1　Java 的由来

Java 是一个由 Sun 公司开发而成的新一代编程语言。Sun 的 Java 语言开发小组成立于 1991 年，其目的是开拓消费类电子产品市场。Sun 内部人员把这个项目称为 Green。该项目由一位非常杰出的程序员 James Gosling 负责。在研究开发过程中，Gosling 深刻体会到消费类电子产品和工作站产品在开发上的差异，为了使整个系统与平台无关，于是在 1991 年 6 月份开始准备开发一个新的语言，给它起一个什么名字呢？Gosling 回首向窗外望去，看见一棵老橡树，于是建一个目录叫 Oak，这就是 Java 语言的前身（后来发现 Oak 已是 Sun 公司另一个语言的注册商标，才改名为 Java，即太平洋上一个盛产咖啡的岛屿的名字）。

Java 起初并不顺利，Java 语言的转折点是 1994 年，当时 WWW 已如火如荼地发展起来。项目组决定用 Java 开发一个新的 Web 浏览器。到了 1994 年秋天，完成了 Web Runner 的开发工作。后来 Web Runner 改名为 HotJava，并于 1995 年 5 月 23 日发表，在产业界引起了巨大的轰动，Java 的地位也随之得到肯定。又经过一年的试用和改进，Java 1.0 终于在 1996 年年初正式发布。随着 Java 的飞速发展，Sun 公司于 1998 年推出了 Java 2，并将 Java 平台细分为三大平台，即：

J2ME（Java 2 Micro Edition）：用于创建嵌入式应用程序的 Java 平台（如 PDA、仪表）。

J2SE（Java 2 Standard Edition）：用于创建典型的桌面与工作站应用的 Java 平台。

J2EE（Java 2 Enterprise Edition）：用于创建可扩展的企业级应用的 Java 平台。

在 2005 年的 Java ONE 大会上，Sun 公司宣布将 Java 2 中的 2 去掉，三大平台更名为 Java SE、Java EE、Java ME。

1.1.2　Java 的特点

Java 是一种跨平台的、适合于分布式计算环境的面向对象的编程语言。与其他传统的编程语言相比，有如下几大特点：

1）平台无关性。平台无关性就是指 Java 能运行于不同的平台。Java 引进虚拟机原理，并运行于虚拟机。Java 虚拟机能对 Java 二进制代码进行解释执行提供不同平台的接口。

2）安全性。Java 的编程类似于 C++。Java 舍弃了 C++的指针对存储器地址的直接操作。程序运行时，内存由操作系统分配，这样可以避免病毒通过指针侵入系统。Java 对程序提供了安全管理器，防止程序的非法访问。

3）面向对象。Java 吸取了 C++面向对象的概念，将数据封装的简洁性和便于维护性，类的封装性、继承性等有关对象的特性应用于 Java 之中，利用这些特点达到使程序代码只需一次编译，便可反复利用的目的。

4）简单性。Java 舍弃了 C++的头文件，没有全局变量；Java 还舍弃了 C++的多重继承，引进了垃圾管理机制。

5）动态特性。Java 源程序经过编译后生成的二进制码存于网络计算机中。Java 程序运行的时候是动态地加载二进制码，即当程序运行到所需类时，便在网上寻找并下载到本地盘上，便于在网络上运行。

6）分布性。Java 允许将编译后的二进制代码分布存于网络上。应用程序可以通过 URL（统一资源定位符）来寻找应用程序所需的类，跟访问本地机一样。

7）多线程。多线程是 Java 的一大特点，该特点使得 Java 能够在程序中实现多任务操作。Java 提供了有关线程的操作、线程的创建、线程的管理、线程的废弃等处理。Java 虚拟机也是一个多线程程序，虚拟机启动后，时刻在运行一个线程，该线程的优先级最低，在后台负责不用对象的垃圾处理工作。多线程使程序能够处理多任务，具有非常广阔的发展前景。

1.2　阶段任务实施

1.2.1　[引导任务 1-1] 建立餐饮系统的开发环境

- 任务目标：能正确配置 Java 开发环境。
- 实现过程如下：

（1）首先安装 JDK（Java Development Kit）。在 Sun 公司的官方网站 http://java.sun.com/javase/中下载 jdk-6u5-windows-i586-p.exe 或更高版本，下载后即可安装。如把 JDK 安装在 D:\Program Files\Java\jdk1.6.0_05 目录下，如图 1-1 所示。

（2）再安装集成开发环境（IDE）。常用于开发 Java 的 IDE 有 Eclipse、NetBeans、JBuilder 等。在此选用功能强大的 Eclipse。可从 Eclipse 官方网站中免费下载免安装的压缩版的 Eclipse 3.2 或更高版本，然后解压即可（注意要下载对应 JDK 版本的 Eclipse）。

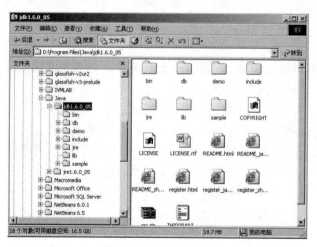

图 1-1　JDK 安装目录

1.2.2　[引导任务 1-2] 用 Java 程序输出餐饮系统的作者姓名

- 任务目标：能用 Eclipse 编写第一个 Java 程序。
- 实现过程如下：

（1）打开 Eclipse 3.2。

（2）创建一个 Java 项目。

（3）选择 File→New→Java Project 命令，出现如图 1-2 所示的对话框。

图 1-2　新建项目对话框

（4）在该对话框中的 Project name 位置输入项目名称 repast，其他内容保持不变，单击 Finish 按钮，这样就建立了第一个 Java 程序项目。

（5）在 repast 项目名称上按鼠标右键，选择 New→Class，出现如图 1-3 所示的对话框。在该对话框中的 Package 位置输入 com.huang、Name 位置输入 TestRepast，选中 public static void main(String args[])、Inherited abstract methods、Gegerate comments 三个选项，这三项的含义分别是生成主函数、继承抽象派方法、生成注释。单击 Finish 按钮，即可建立一个带有 main 函数的 Java 程序。

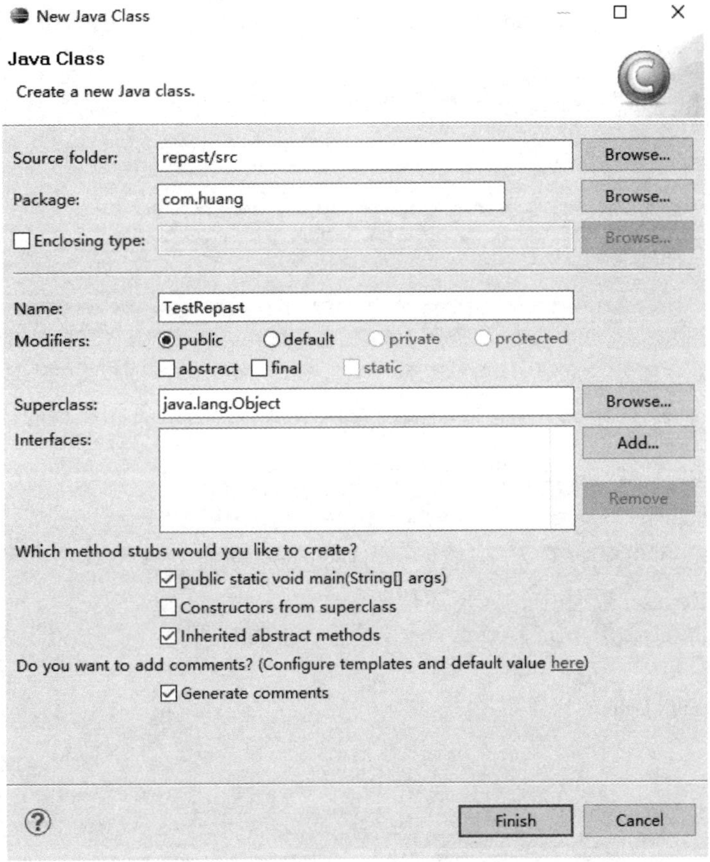

图 1-3　新建 Java 应用程序对话框

（6）手动编写 Java 源程序，即在编辑区中对应的位置输入语句。源程序如下所示：

```
package com.repast;

/**
 * @author Administrator
 *
 */
public class TestRepast {

    /**
```

```
     * @param args
     */
    public static void main(String[] args) {
        // TODO Auto-generated method stub
        System.out.println("餐饮系统的作者是：sunny！");
    }

}
```

（7）编译、运行和排错。在工具栏 上，单击 按钮，在文件列表区中右击 TestRepast 文件，然后选择 Run As→Java Application 命令。在 Console 控制窗口即可得到如图 1-4 所示的输出结果。

注意：在执行中，Eclipse 能够自动帮助我们完成源程序的预编译并排除程序的语法错误（给出错误提示）。

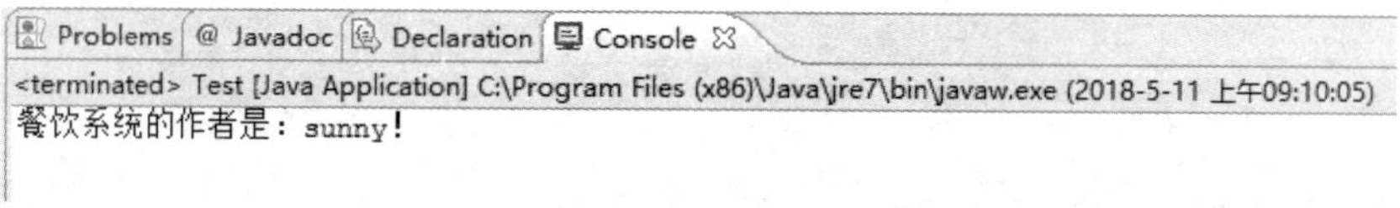

图 1-4　输出结果

1.2.3　[引导任务 1-3] 用 Java 程序输出餐饮系统的作者姓名和运行时间

- 任务目标：认识 Java 程序的基本结构。
- 实现过程如下：

（1）在 Eclipse 中 repast 项目下新建一个 TestRepast2 的 Java 文件。
（2）在 TestRepast2 文件中输入下述代码。

```
package com.repast;

import java.util.Date;

/**
 * @author Administrator
 *
 */
public class TestRepast2 {
    private int i;
    /**
     * @param args
     */
    public static void main(String[] args) {
        // TODO Auto-generated method stub
        System.out.println("餐饮系统的作者是：sunny！");
        System.out.println("运行于："+new Date());
    }
}
```

- 代码分析

(1) 包：每一个 Java 程序都存放在某一个包中，如下所示：

  package repast;

(2) 注释：用以帮助理解代码而写的说明，不会被编译执行，如下所示：

```
/**
 *
 * @author Administrator
 */
```

(3) 导入包：当 Java 程序要用到相关类库时，要将该类库导入，如下所示：

  import java.util.Date;

(4) 类定义：Java 程序的变量定义及方法定义都在类中进行，即包含在一对{}中，每个类都有一个名字，如下所示：

  public class TestRepast2{

(5) 类变量定义：private int i;

(6) 类方法定义：public static void main(String args[])

(7) 方法体：紧跟着某一方法名，并包含在一对{}中，如下所示：

```
{
    System.out.println("餐饮系统的作者是：sunny！");
        System.out.println("运行于："+new Date());
    }
}
```

1.3 知识解析

1.3.1 开发 Java 程序的步骤

从前述几个引导任务可知，开发 Java 程序必须经历的步骤可归结为如下 3 步：

(1) 编写源程序：用 Java 语言描述程序指令，以.java 作为程序文件扩展名。

(2) 编译：经编译器翻译后结果以.class 作为扩展名的文件存储，称之为字节码文件。

(3) 运行：在 Java 平台上运行.class 文件。

1.3.2 认识 Java 包

包在很大范围内实现面向对象程序设计的封装机制，它把一组类和接口封装在一个包中。这为管理大量的类和接口提供了方便，也有利于这些类和接口的安全。另外，为避免同名的类发生冲突，在 Java 中为每个类配置自己的命名空间。包在存储结构上的具体体现是文件夹，也就是说，在 IDE 集成开发环境中建立一个包，在文件存储系统上也相应地建立了一个文件夹。

1.3.3 包声明

声明（或定义）一个包的语句很简单，在 Java 源文件的开始处加上如下语句：

  package 包名；

其中 package 为关键字，后面的包名即为定义包的名字。此名字要符合 Java 标识符的命名规则。一个 Java 程序文件中最多只能有一个 package 语句。在定义包时，可通过 "." 来定义子包（存储上体现为文件夹中的子文件夹）。

例如下面的语句：

  package veg1；

定义了该类位于 veg1 包中。

下面的语句：

  package veg1.veg2；

定义该类对应于包 veg1 的子包 veg2。

1.3.4 import 语句

如果在新类中需要使用已经编写好的类，应该将已经定义的类包含进来。Java 的 import 语句用于包含所需要的类。我们可以使用 import 语句加入特定类，也可以利用 import 语句加入某个包（不含子包）中的所有类。例如：

  import java.applet.Applet;
  import java.awt.*;

一个 Java 程序文件中可以有多个 import 语句。

1.3.5 认识 Java 类

类是 Java 的心脏。整个 Java 语言就是建立在类的逻辑基础上的，每一个 Java 程序都至少有一个类。最基本的常用的定义方式是：

  [public] class 类名{
    //类实体
  }

类名要合符 Java 标识符的命名规则。在一个 Java 程序文件中，若有多个类的定义，应注意 Java 程序文件的命名规则。若一个 Java 程序文件中存在一个由 public 修饰的类（一个 Java 程序文件中最多只能有一个由 public 修饰的类），则程序文件的名字应与该类的名字一致，否则，根据实际来定由哪个类名作为文件名。

1.3.6 认识 main 方法

在 Java 的每个应用程序中，都必须有一个 main 方法，Java 解释器运行字节码文件时，首先寻找 main 方法，然后以此作为程序的入口点开始运行程序。如果一个应用程序不含 main 方法，那么 Java 解释器会拒绝执行这个程序；如果一个应用程序含有多个 main 方法，那么，解释器执行程序时，只以执行程序的第一个类所含的 main 方法作为程序运行的入口点。为了程序的可读性好，我们提倡一个程序只有一个 main 方法。

main 方法没有返回值。

main 方法的入口参数：String args[]是应用程序运行时在命令行给出的参数。

1.3.7 输出打印

在引导任务 1-3 中含有许多需要输出的数据，这些数据的输出主要是通过 System.out.println()

语句来实现，其作用是将括号中的字符串内容显示在屏幕上，并回车换行。

另外，System.out.print()语句也是输出语句，其作用与 System.out.println()语句相似，只是无换行。

1.3.8 连接符号

在打印输出时可用"+"号将多个数据连接起来，作为一个整体来显示，例如：System.out.println("青菜的价格为："+8.0+"元")语句输出的结果为：青菜的价格为：8.0 元。

1.3.9 初学者常犯错误

（1）类名与源程序文件名不一致。
例如：源程序文件名为 Ch0102，类名为 test。
（2）中英文符号问题。
例如：将";"写成"；"或者将"("写成"（"等。
（3）大小写问题。
例如：将 System 写成 system。
（4）{}、()不成对或交错出现。

1.3.10 断点调试

断点调试是指程序设计人员在程序的某一行设置一个断点。在调试程序时，程序运行到该断点就会暂停执行，然后可以由程序设计人员控制一步一步地往下调试。调试过程中可以查看各个变量的当前值，如果出现错误，调试到出错的代码行停止并显示错误信息。

Netbean 断点调试方法：
（1）设置断点：在程序代码窗口中，单击需要设置断点的代码行号，即可设置行断点。
（2）按 Ctrl+Shift+F5 组合键调试当前程序，程序运行到断点之后，按 F5 键可继续执行当前程序。

1.4 训练任务

（1）在 Eclipse 中创建贪吃蛇游戏项目，名称为 snake。
（2）在 Eclipse 中创建连连看游戏项目，名称为 llk。
（3）在 Eclipse 中创建学生信息管理系统项目，名称为 student。
（4）在学生信息管理系统项目 student 中创建一个 Java 程序，输出你们班的名字、人数、男生人数、女生人数等信息。
（5）更正下面的程序代码，运行并输出结果。

```
public class Ch0101 {
public static void main(String args[]) {}
        system.out.println("    *      *    ")
        system.out.println(" *    *    *  *")
        system.out.println("*        *")
    }
```

1.5 课外习题

一、选择题

1. 下面关于 Java 语言特点的描述中错误的是（　　）。
   A）Java 是面向过程的编程语言　　　B）Java 支持分布式计算
   C）Java 是跨平台的编程语言　　　　D）Java 支持多线程
2. 运行 Java 程序需要的工具软件所在的目录是（　　）。
   A）JDK 的 bin 目录　　　　　　　　B）JDK 的 demo 目录
   C）JDK 的 lib 目录　　　　　　　　D）JDK 的 jre 目录
3. 下面关于 main 方法的说明中正确的是（　　）。
   A）public static void main ()
   B）private static void main(String args[])
   C）public main(String args[])
   D）public static void main(String args[])
4. Java 程序源文件的后缀是（　　）。
   A）.java　　　　B）.class　　　　C）.doc　　　　D）.ppt
5. Java 程序导入外部类文件的关键字是（　　）。
   A）input　　　　B）import　　　　C）come　　　　D）output
6. 关于 Java 类的描述中错误的是（　　）。
   A）定义 Java 类的关键字是 class
   B）Java 类名要符合 Java 标识符的命名规则
   C）一个 Java 程序可包含多个 public 的类
   D）Java 程序文件名必须与 public 类名相同
7. Java 为移动设备提供的平台是（　　）。
   A）J2ME　　　　B）J2SE　　　　C）J2EE　　　　D）JDK5.0
8. 在 Java 语言中，不允许使用指针体现出的 Java 特性是（　　）。
   A）可移植　　　B）解释执行　　　C）健壮性　　　D）安全性
9. 软件调试的目的是（　　）。
   A）发现错误　　　　　　　　　　　B）改正错误
   C）改善软件的性能　　　　　　　　D）验证软件的正确性
10. 下列叙述中，不符合良好程序设计风格要求的是（　　）。
    A）程序的效率第一、清晰第二　　　B）程序的可读性好
    C）程序中要有必要的注释　　　　　D）输入数据前要有提示信息

二、操作题

1. 编写程序输出以下信息：
   ****

```
    *       Welcome To Java!      *
    ****************************
```
2．编写程序输出以下信息：
欢迎使用学生成绩管理系统
  录入成绩
  查看成绩
  退出系统
请选择你所要进行的操作：

单元 2 利用符号构建 Java 语句

Java 语句由各类符号组成，如标识符、关键字、操作符、分隔符等。这些符号有着特定的规范与意义，共同构建了强大的 Java 程序。

1. 工作任务

（1）输出一次餐饮消费中的消费清单。

（2）输出会员在一次餐饮消费中的消费清单。

2. 学习目标

（1）学会使用 Java 符号、数据类型以及变量和常量。

（2）学会使用运算符、表达式。

2.1 [引导任务 2-1] 输出一次餐饮消费中的消费清单

2.1.1 任务目标与要求

- 任务目标：能正确使用 Java 符号、数据类型以及变量和常量。
- 设计要求：用常量来完成清单提示数据，消费清单具有顾客所消费的菜品的名称、单价、数量及价格小计等。

2.1.2 实施过程

在项目 repast 中新建一个包 ch02.part1，在该包中新建一个类 TestVar，并为该类添加下述代码，最后保存、编译及运行，程序运行结果如图 2-1 所示。

```java
/*
 * 类 TestVar
 */

package ch02.part1;

/**
 *
 * @author huang
 */
public class TestVar {

    public static void main(String[] args) {
        // 打印消费消单
        final String title1 = "尊敬的顾客，您这次的消费清单明细表如下：";
        final String title2 = "   名称\t 单价\t 数量\t 单项总计";
```

```java
        String name = " 1.小炒鱼         ";      //名称，用 name 表示，并赋初值
        float price = 12.0f;                    //价格，用 price 表示，并赋初值
        float num = 1.0f;                       //数量，用 num 表示，并赋初值
        float totalnum = price * num;           //单项总计，通过计算获取
        System.out.println(title1);
        System.out.println(title2);
        System.out.print(name);
        System.out.print(price);
        System.out.print("       ");
        System.out.print(num);
        System.out.print("       ");
        System.out.println(price * num);
        name = " 2.凉拌牛肉        ";           //改变 name 的值
        price = 10.0f;                          //改变 price 的值
        num = 2.0f;                             //改变 num 的值
        System.out.print(name);
        System.out.print(price);
        System.out.print("       ");
        System.out.print(num);
        System.out.print("       ");
        System.out.println(price * num);
        System.out.println();
        totalnum = totalnum + price * num;
        System.out.println("您所消费的总额是： " + totalnum);
    }
}
```

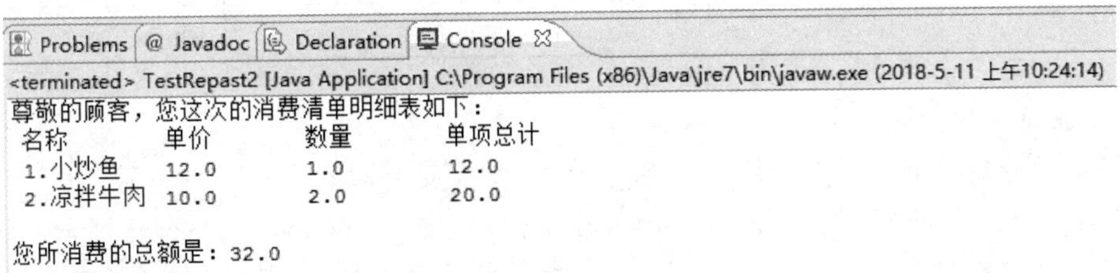

```
尊敬的顾客，您这次的消费清单明细表如下：
名称         单价     数量      单项总计
1.小炒鱼     12.0     1.0       12.0
2.凉拌牛肉   10.0     2.0       20.0

您所消费的总额是：32.0
```

图 2-1　顾客的消费清单

通过使用常量 title1、title2 完成清单样式提示的内容，用变量 name、price、num 等临时存储相应数值，并随着程序的运行发生改变，totalnum 则通过运算取得。

2.1.3　知识解析

1. Java 的字符集

Java 采用一种称为 unicode 的字符集。该字符集是一种新的编码标准。unicode 字符集使用 16 位二进制而不是 8 位来表示一个字符，并增加了许多非拉丁语字符。

2. 标识符

Java 语言中，为了有效地表示事物属性及其值的运算，程序中给所有的事物属性都采用一种符号化名称，这种名称就叫标识符。标识符必须是以一个字母、下划线或美元符号"$"

开头的一串字符，后面的字符可以是字母、数字、下划线、美元符号等。

例如，Level、Ylist、ad、AD、$1、_d4 等是合法的标识符，而 one-、3e、int 等则不能用作标识符。

注意：在 Java 中，标识符区分大小写，即对字母的大小写是敏感的，在语法中严格区分大小写，如 ad 与 AD 是不一样的两个标识符。

3. 关键字

关键字是为特定目的而预留的字符，故也称保留字。关键字是 Java 语言本身占用的，不能做其他用途使用的符号。它有其特定的语法含义，如 public、for、false、void 等。Java 语言中的关键字须用小写字母表示。Java 中的关键字见表 2-1。

表 2-1 Java 中的关键字

abstract	boolean	break	byte
case	catch	default	do
double	continue	char	class
const	else	extends	final
finally	float	for	goto
if	implements	import	instanceof
int	interface	long	native
new	package	private	protected
public	return	short	protected
strictfp	super	switch	synchronized
this	throw	throws	transient
try	void	volatile	while

4. 分隔符与注释

分隔符起分隔单词符号的作用。包括分号";"、花括号"{}"和空白符号。

注释中的内容会被编译器忽略，不出现在执行程序中。在 Java 中，有三种表示注释的方式。最常用的注释方式是使用"//"，即单行注释，其注释内容从//开始到本行结尾。例如：

    System.opt.println("Hello, World!"); //打印出"Hello, World!"

第二种注释方式是使用"/*"和"*/"将注释内容括起来，这种方式可注释多行语句，即多行注释。例如：

    /*
    * 类 TestVar
    */

第三种注释方式是以"/**"开始，以"*/"结束，即文档注释。这种注释可以用来自动生成文档。例如：

    /**
    *
    * @ming793
    */

注意：在 Java 中，/*……*/注释不能嵌套。也就是说，如果注释代码本身包含了一个 */，就不能用/*和*/将注释括起来。

5. 数据类型

为了能让计算机识别和有效地使用数据，需要将这些数据加以类别区分。在程序设计中，使用数据类型来标识一个数据是属于哪个类别的，且现实事物各种属性的数据都能找到与之匹配的类型。在 Java 中，数据类型可划分为简单类型和复合类型。

（1）简单类型。简单类型有以下几种：

整数类型：没有小数部分的数为整数类型的数据，如 255、1024、-10l 等。根据占内存容量分为 byte、short、int、long 四种。在数据后加 l 或 L 表示该数据为 long 型，默认为 int 型。

- byte 型：占 1 个字节，表示的范围为 $-2^7 \sim 2^7-1$。
- short 型：占 2 个字节，表示的范围为 $-2^{15} \sim 2^{15}-1$。
- int 型：占 4 个字节，表示的范围为 $-2^{31} \sim 2^{31}-1$。
- long 型：占 8 个字节，表示的范围为 $-2^{63} \sim 2^{63}-1$。

浮点类型：有小数部分的数为浮点类型数据，如 255.0、1024.11、-10.00f 等。根据占内存容量分为 float、double 两种。在数据后加 f 或 F 表示该数据为 float 型，加 d 或 D 表示该数据为 double 型，默认数据为 double 类型。

float：占 4 个字节，表示的范围大约为±3.402 823 47E+38（有效位数为 6～7 位）。

double：占 8 个字节，表示的范围大约为±1.797 693 134 862 315 70E+308（有效位数为 15 位）。

字符类型：char，用一对单引号括起来的单个字符。如'A'、'1'和'a'等。在程序中若要用到一些被系统所占用的字符，必须使用转义字符 "\" 来表示这些字符。转义字符见表 2-2。

布尔类型：boolean，只有两个值，即 true 和 false。

数组类型：一维数组、多维数组。

表 2-2　转义字符

转义字符	名称	转义字符	名称
\n	换行	\\	反斜杠
\b	退格	\"	双引号
\r	回车	\'	单引号
\t	制表		

（2）复合类型。复合类型有：类（class）和接口（interface）

6. 变量与常量

在程序运行中，数据必须进入内存空间才能得到运算的机会，然而怎样去定义这一内存空间呢，内存管理是用地址来完成。但在程序设计中，用内存地址来操纵数据是很不方便的。因此，可给该内存空间赋予一个别名，以方便记忆和使用，这一别名可用作变量或常量。变量和常量的类型是与数据类型相对应的，即一个变量或常量仅是属于某一种数据类型的。

（1）常量。常量是指在程序执行过程中其值不发生变化的量。常量可分为整型常量、浮点数常量、字符常量、字符串常量和布尔常量。

- 整型常量:可分为 int 型和 long 型两种,默认为 int 型,long 型数值后加 L,整型常量可用十、八和十六进制表示,如 123(十进制)、052(八进制)、0x3c(十六进制)。
- 浮点数常量:有单精度和双精度之分,默认为双精度,单精度在数值后加 f,另外,浮点数常量也可用普通计数法和科学计数法来表示,如 1.23f 1.1E-2。
- 字符常量:用' '括起来的一个字符,如'a'和'H'。
- 字符串常量:用" "括起来的一串字符,如"Hello World"。
- 布尔常量:只有两个值,true 和 false。

声明常量的格式:
  final 类型 常量名[,常量名]=常量值,…;

示例:
  final String title1="尊敬的顾客,您这次的消费清单明细表如下:";
  final String title2="　名称\t 单价\t 数量\t 单项总计";

(2)变量。
- 变量的声明。变量是指在程序执行过程中其值可发生变化的量,在使用时必须先声明。声明变量的格式:

  类型 变量名[,变量名][=初值,…];

例如:
  String name=" 1.小炒鱼 ";
  float price=12.0f;

变量也可不赋初值,但应用前必须赋初值,例如:
  float num;
  int a,b;

- 变量的作用范围。声明变量后,该变量只能在特定的范围内使用。

在类中声明的变量为成员变量,在类的开始处声明,可在整个类中使用。

在方法和块中声明的变量称为局部变量,从它声明的地方开始,到它所在的那个块的结束处,块是由两个大括号所定义的。例如:

```
public class TestRange
{
    public static void main(String[] args)
    {
        int x = 12;                    //定义变量 x
        int y;                         //定义变量 y
        {
            int q = 96;                //x 和 q 都可用
            int x = 3;                 //错误的定义,Java 中不允许有这种嵌套定义
            System.out.println("x is "+x);
            System.out.println("q is "+q);
            System.out.println("y is "+y);    //未给初值
        }
        q = x;                         //q 不可用
```

```
        int y=0;                         //重复定义 y,不正确
        System.out.println("x is "+x);    //x 可用
    }
}
```

7. 数据类型的转换

整型、实型、字符型数据可以混合运算，运算过程中，不同的数据类型要先转换为同一类型的数据才能进行运算。其转换规则见表 2-3。

表 2-3 数据类型转换表

原始类型	目标类型	原始类型	目标类型
byte	short，char，int，long，float，double	int	long，float，double
short	int，long，float，double	long	float，double
char	int，long，float，double	float	double

表 2-3 中的转换不会产生数据信息的丢失。

也可进行反向强制转换，但数据信息会因存储位数的缩小而丢失信息，导致数据不正确。

类型强制转换的格式：

  (数据类型)数据表达式

如：

  int a;
  char b='A';
  a=(int)b;

对于数值型数据，Java 可从低精度数隐式转换为高精度数（int、short、byte 赋值给 long）；高精度数必须使用强制转换方可转换为低精度数（long 赋值给 int、short、byte）。

如：

  double x=9.9997;
  int nx=(int)x;

2.1.4 训练任务

完成引导任务 2-1 的程序设计与调试工作，具体内容见引导任务 2-1。

2.2 [引导任务 2-2] 输出会员在一次餐饮消费中的消费清单

2.2.1 任务目标与要求

- 任务目标：学会运算符、表达式的使用。
- 设计要求：消费清单具有顾客所消费的菜品的名称、单价、数量及价格小计等，并根据会员折扣进行结算后输出。

2.2.2 实施过程

在项目 repast 中新建一个包 ch02.part2，在该包中新建一个类 TestMemCon，并为该类添加下述代码，最后保存、编译及运行，程序运行结果如图 2-2 所示。

```java
package ch02.part2;

/**
 *
 * @author huang
 */
public class TestMemCon {

    public static void main(String[] args) {
        // 打印消费消单
        final String title1 = "尊敬的顾客，您这次的消费清单明细表如下：";
        final String title2 = "    名称         单价        数量        单项总计";
        String name = " 1.小炒鱼         ";      //名称
        float price = 12.0f;                    //价格
        float num = 1.0f;                       //数量
        float totalnum = price * num;           //单项总计
        boolean IsMember = true;                //是否是会员
        final float Discount = 0.8f;            //折扣率
        System.out.println(title1);
        System.out.println(title2);
        System.out.print(name);
        System.out.print(price);
        System.out.print("         ");
        System.out.print(num);
        System.out.print("         ");
        System.out.println(price * num);
        name = " 2.凉拌牛肉       ";
        price = 10.0f;
        num = 2.0f;
        System.out.print(name);
        System.out.print(price);
        System.out.print("         ");
        System.out.print(num);
        System.out.print("         ");
        System.out.println(price * num);
        System.out.println();
        totalnum = totalnum + price * num;
        System.out.println("您所消费的总额是：" + totalnum);
        System.out.println("您应付的总额是：" + totalnum * Discount);
        System.out.println("您已享受的会员优惠额为:" + totalnum * (1 - Discount));
    }
}
```

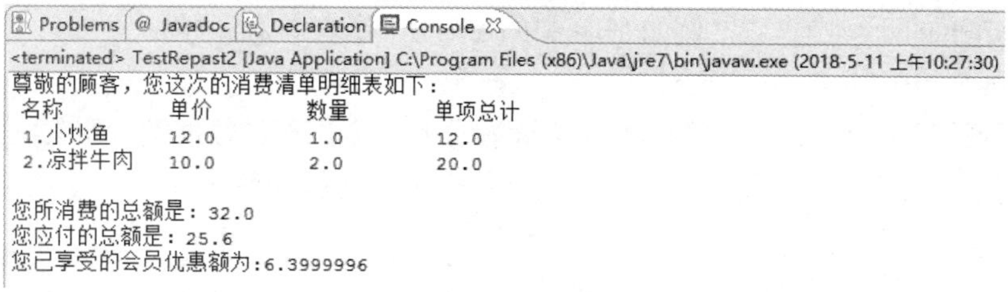

```
Problems  @ Javadoc  Declaration  Console
<terminated> TestRepast2 [Java Application] C:\Program Files (x86)\Java\jre7\bin\javaw.exe (2018-5-11 上午10:27:30)
尊敬的顾客，您这次的消费清单明细表如下：
名称        单价    数量    单项总计
1.小炒鱼    12.0    1.0     12.0
2.凉拌牛肉  10.0    2.0     20.0

您所消费的总额是：32.0
您应付的总额是：25.6
您已享受的会员优惠额为:6.3999996
```

图 2-2　顾客的一次消费清单

通过使用常量 title1、title2 完成清单头的内容；用变量 name、price、num 等临时存储相应数值；用变量 IsMember 来表示是否是会员，并按会员进行结算。

2.2.3　知识解析

1．运算符与表达式

Java 的运算符代表着特定的运算指令，程序运行时将对运算符连接的操作数进行相应的运算。

表达式：运算符与操作数的组合构成表达式，其代表着一个确定的数值。

如：a>b,true||5>2

2．赋值运算符

赋值运算符把常量、变量或表达式的值赋给一个变量，赋值运算符用等号"="表示。赋值运算符遵循向右至左的结合性，即将"="右边的表达式值赋给其左边的变量。

为了简化、精练程序，提高编译效率，可以在等号之前加上其他运算符组成扩展赋值运算符。

使用扩展赋值运算符的一般形式为

　　　　<变量><扩展赋值运算符><表达式>

其作用相当于

　　　　<变量>=<变量><运算符><表达式>

其中<扩展赋值运算符>为"<运算符>="。

如：
　　　　a=a+b;　等同于　　a+=b;
　　　　a=a-b;　等同于　　a-=b;

3．算术运算符

在 Java 中，算术运算符见表 2-4。

表 2-4　算术运算符

算术运算符	说明
+	正值运算符、加法运算符
-	负值运算符、减法运算符
++	自增运算符
--	自减运算符
*	乘法运算符
/	除法运算符
%	求余运算符

求余运算符%的两个操作数（例如a%b中的a与b）要求均为整型数据，其结果亦为整数。

如：7%3=1，10%5=0。

对于加、减、乘、除四个运算符，如果两个操作数属于同一种数据类型，其结果亦为此数据类型；如果两个操作数的数据类型不同，其结果的数据类型与两者中占字节数多的数据类型相同。

如：3*5=15，6/2=3。

2*1.4=2.8，3.6/3=1.2。

实际上Java在执行时，是先将占字节数少的操作数保存成与占字节数多的另一个操作数相同长度的形式，然后进行运算。

一般说来，++i与i++都是使i=i+1，而--i与i--都是使i=i-1。但必须注意自增、自减运算符放在变量前和放在变量后的不同。

如：

    a=1;
    b=10;
    b=a++;　//结果：b=1，a=2
    b=++a;　//结果：b=3，a=3

相关说明见表2-5。

表2-5 自增自减说明表

运算符	名称	说明
++i	前自增	i参与相关运算之前先加1后参与相关运算
i++	后自增	i先参与其相关运算，然后再使i值加1
--i	前自减	i参与相关运算之前先减1后参与相关运算
i--	后自减	i先参与其相关运算，然后再使i值减1

4. 关系运算符

关系运算是进行比较运算。通过两个值的比较，得到一个boolean（逻辑）型的比较的结果，其值为true或false。在Java语言中true或false不能用0或1来表示，而且这两个逻辑值必须用小写的true与false。关系运算符常常用于逻辑判断，如用在if结构控制分支和循环结构控制循环等地方。关系运算符常常与逻辑运算符混合使用。关系运算符见表2-6。

表2-6 关系运算符

运算符	名称	用途举例
<	小于	a<b，3<2
>	大于	a>b，45>44
<=	小于等于	a<=b，23<=23
>=	大于等于	a>=b，23>=23
==	等于	x==y，x==5
!=	不等于	x!=y，x!=5

[辅助示例 2-1] 用结账总额测试关系运算符。
```java
import java.util.Scanner;

public class TestCal {
    public static void main(String[] args) {
        int totalAmount = 10;                           //结账总额
        System.out.println(totalAmount < 0);            //false
        System.out.println(totalAmount >= 1000);        //false
        System.out.println(totalAmount < 100);          //true
    }
}
```

5. 逻辑运算符

Java 语言中提供了 6 种逻辑运算符，逻辑运算符的运算结果为逻辑型 true 或 false。逻辑运算符见表 2-7。

表 2-7 逻辑运算符

运算符	名称	用法举例	说明
!	逻辑非	!a	a 为真时得假，a 为假时得真
&&、&	逻辑与	a && b	a 和 b 都为真时才得真
||、|	逻辑或	a || b	a 和 b 都为假时才得假
^	逻辑异或	a ^ b	a 和 b 的逻辑值不相同时得真

注：两种逻辑与（&&和&）的运算规则基本相同，两种逻辑或（||和|）的运算规则也基本相同。&和|运算是把逻辑表达式全部计算完，而&&和||运算具有短路计算功能。

[辅助示例 2-2] 演示逻辑运算符的使用。
```java
/**
 *演示逻辑运算符的使用
 */
public class TestCal {
    public static void main(String[] args) {
        int money1 = 100;        //我口袋的钱
        int money2 = 72;         //你口袋的钱
        /* 结果为 true */
        System.out.println((money1 > 80 && money2 > 80) || !(money1 + money2 < 160));
    }
}
```

6. 位运算符

使用任何一种整数类型时，可使用位运算符对这种数据的二进制位进行操作。Java 提供了如表 2-8 所示的位运算符。

表 2-8 位运算符

运算符	名称	用法举例	说明
&	按位与	a & b	两个操作数对应位分别进行与运算
|	按位或	a | b	两个操作数对应位分别进行或运算
^	按位异或	a ^ b	两个操作数对应位分别进行异或运算

续表

运算符	名称	用法举例	说明
~	按位取反	~ a	操作数各位分别进行非运算
<<	按位左移	a << b	把第一个操作数左移第二个操作数指定的位，溢出的高位丢弃，低位补 0
>>	带符号按位右移	a >> b	把第一个操作数右移第二个操作数指定的位，溢出的低位丢弃，高位用原来高位的值补充
>>>	不带符号按位右移	a >>> b	把第一个操作数右移第二个操作数指定的位，溢出的低位丢弃，高位补 0

[辅助示例 2-3] 位运算符示例。

```
public class BitOperation {
    public static void main(String[] args) {
        int x=3,y=5,z=-5;
        System.out.println("~z="+(~z));
        System.out.println("x&y="+(x&y));
        System.out.println("x^y="+(x^y));
        System.out.println("x|y="+(x|y));
        System.out.println("z<<1="+(z<<1));
        System.out.println("z>>1="+(z>>1));
        System.out.println("z>>>1="+(z>>>1));
    }
}
```

运行结果如下：

~z=4
x&y=1
x^y=6
x|y=7
z<<1=-10
z>>1=-3
z>>>1=2147483645

7. 条件运算符

条件运算符的使用方式由"?"和":"连接的三个操作数构成，一般的形式为：

表达式 1?表达式 2:表达式 3

上式执行的顺序：先求解表达式 1，若为真，取表达式 2 的值作为最终结果返回；若为假，取表达式 3 的值作为最终结果返回。例如：

a=6;
b=8;
c=10;
d=(a>b)?0:(a>c)?1:2;
System.out.println("d="+d);   //输出结果：d=2

8. 其他运算符

在 Java 中，其他运算符见表 2-9。

表 2-9 其他运算符

符号	功能
( )	表示加括号则优先运算
(参数)	方法的参数传递，多个参数时用逗号分隔
(类型)	强制类型转换
.	分量运算符，用于对象属性或方法的引用
[ ]	下标运算符，引用数组元素
instanceof	对象运算符，用于测试一个对象是否是一个指定类的实例
new	对象实例化运算符，实例化一个对象

例如：
  Object object = new Object();
  (num - 3) * 4;
  System.out.println("");

9. 运算符优先级

在实际的开发中，可能在一个运算符中出现多个运算符，那么计算时，就按照优先级级别的高低进行计算。级别高的运算符先计算，级别低的运算符后计算，具体运算符的优先级见表 2-10。

表 2-10 运算符优先级

优先级	运算符	结合性
1	()、[]、.	从左到右
2	!、+（正）、-（负）、~、++、--	从右向左
3	*、/、%	从左向右
4	+（加）、-（减）	从左向右
5	<<、>>、>>>	从左向右
6	<、<=、>、>=、instanceof	从左向右
7	==、!=	从左向右
8	&（按位与）	从左向右
9	^	从左向右
10	|	从左向右
11	&&	从左向右
12	||	从左向右
13	?:	从右向左
14	=、+=、-=、*=、/=、%=、&=、|=、^=、~=、<<=、>>=、>>>=	从右向左

说明：

（1）该表中优先级按照从高到低的顺序书写，也就是优先级为 1 的优先级最高，优先级 14 的优先级最低。

（2）结合性是指运算符结合的顺序，通常都是从左到右。从右向左的运算符最典型的就是负号，例如 3+-4，则意义为 3 加-4，符号首先和运算符右侧的内容结合。

（3）instanceof 作用是判断对象是否为某个类或接口类型，后续有详细介绍。

（4）注意区分正负号和加减号，以及按位与和逻辑与的区别。其实在实际的开发中，不需要去记忆运算符的优先级别，也不要刻意地使用运算符的优先级别。对于不清楚优先级的地方使用小括号去进行替代。例如：

```
int m = 12;
int n = m << 1 + 2;
int n = m << (1 + 2);    //这样更直观
```

2.2.4 训练任务

（1）完成引导任务 2-1 的程序设计与调试工作，具体内容见引导任务 2-1。

（2）如下参考程序存在一些错误，请调试改正。

```
public class SnakeEatFood {
    public static void main(String[] args) {
        int score = 0;
        System.out.println("游戏正在进行……");
        System.out.println("当前得分："score"分");
        System.out.println("吃到一个食物加 10 分");
        score+=score+10;
        System.out.println("当前得分："score"分");
    }
}
```

（3）如下参考程序存在一些错误，请调试改正。

```
public class TestRec{
    public static void main(String[] args){
        int a="32";         //代表原记录
        int b="101";        //代表新记录
        int c=(a>b) : "打破记录"?"未打破记录";
        System.out.println("原记录："+a);
        System.out.println("新记录："+b);
        System.out.println("当前结果："+c);
    }
}
```

2.3 课外习题

一、选择题

1．以下字符常量中不合法的是（   ）。

　　A）'|'　　　　　　B）'\'　　　　　　C）"\n"　　　　　　D）'我'

2. 下列变量定义错误的是（　　）。
   A）int abc;　　　B）int a_bc;　　　C）int a@bc;　　　D）int a$bc;
3. 1|2&3 的值是（　　）。
   A）1　　　B）2　　　C）3　　　D）5
4. 下列类型转换中正确的是（　　）。
   A）int i='A';　　　B）long L=1.1f;　　　C）int i=(float)1.1;　　　D）int i=1.1;
5. 以下选项中，合法的赋值语句是（　　）。
   A）int a==1;　　　　　　　　　　　B）int i=1;int j=i++;
   C）int a=a+1=2;　　　　　　　　　D）int i = int (j);
6. 若下列变量都已正确定义，以下选项中非法的表达式是（　　）。
   A）a != 1||b==2　　　　　　　　　B）'a' % 3
   C）'a' = 1/2　　　　　　　　　　　D）'A' +12
7. 下列运算符中属于关系运算符的是（　　）。
   A）==　　　B）=　　　C）+=　　　D）-=
8. switch 语句中表达式 expression）的值不允许用的类型是（　　）。
   A）yte　　　B）it　　　C）Boolea　　　D）char
9. 阅读下面程序：
   ```
   public class Test1 {
       public static void main(String[] args){
           System.out.println(34+56-6);
           System.out.println(26*2-3);
           System.out.println(3*4/2);
           System.out.println(5/2);
       }
   }
   ```
   程序运行结果是（　　）。
   A）84 49 6 2　　　B）90 25 6 2.5　　　C）84 23 12 2　　　D）68 49 14 2.5
10. 阅读下面程序：
    ```
    public class Test2 {
        public static void main(String args[]){
            int a=10, b=4, c=20, d=6;
            System.out.println(a++*b+c*--d);
        }
    }
    ```
    程序运行的结果是（　　）。
    A）144　　　B）160　　　C）140　　　D）164
11. 阅读下面程序：
    ```
    public class Test3{
        public static void main(String args[]){
            int x=3, y=4, z=5;
            String s="xyz";
            System.out.println(s+x+y+z);
    ```

           }
        }
程序运行的结果是（   ）。
   A）xyz12   B）xyz345   C）xyzxyz   D）12xyz
12．阅读下面程序：
```
public class Test4{
    public static void main(String args[]){
        int i=10, j=3;
        float m=213.5f, n=4.0f;
        System.out.println(i%j);
        System.out.println(m%n);
    }
}
```
程序运行的结果是（   ）。
   A）1.0 和 1.5   B）1 和 1.5   C）1.0 和 2.5   D）1 和 2.5

二、操作题

1．编写一个程序，要求定义三个整型变量 i、j、k 分别用于存储给定的三个成绩，然后计算三个成绩的总分和平均分，并用整型变量 sum 和浮点型变量 average 分别存储总分和平均分，最后输出结果。

2．编写一个比较三个成绩高低的程序，要求定义三个整型变量 score1、score2 和 score3 来存储给定的三个成绩，然后输出最高成绩。

3．编写程序计算半径为 5 厘米的圆面积，计算公式：面积=半径×半径×圆周率。

单元 3　利用控制结构实现程序业务逻辑

Java 程序的控制结构主要分为顺序结构、分支结构、循环结构、控制转移四种。顺序结构是程序的执行按各语句的先后顺序进行，其他几种结构则有着不同的执行方式。这些结构在应用程序中通常合作完成某一任务，从而实现对应用程序业务逻辑的控制。

1. 工作任务
（1）改进在一次餐饮消费中的消费清单的输出程序。
（2）根据餐饮会员的积分值判断会员的等级。
（3）设计出可供三种会员等级消费的选择主界面。
（4）输入某顾客一次餐饮消费中的消费清单。
（5）设计餐饮系统的登录界面。
（6）设计餐饮系统退出时的界面。
（7）用程序描述顾客点菜的过程。

2. 学习目标
（1）学会分支控制结构。
（2）学会循环结构。
（3）学会控制转移。

3.1　[引导任务 3-1] 改进在一次餐饮消费中的消费清单的输出程序

3.1.1　任务目标与要求

- 任务目标：学会 if 分支控制结构。
- 设计要求：消费清单具有顾客所消费菜品的名称、单价、数量及价格小计等，并能从键盘输入接受一个值，根据该值判断是否为会员，从而判断是否按会员进行结算。

3.1.2　实施过程

在项目 repast 中新建一个包 ch03.part1，在该包中新建一个类 IsMember，并为该类添加如下代码，最后保存、编译及运行，程序运行结果如图 3-1 所示。

```
package ch03.part1;

import java.util.Scanner;

/**
 *
 * @author huang
 */
```

```java
public class IsMember {
    public static void main(String[] args) {
        // 打印消费消单
        final String title1="尊敬的顾客,您这次的消费清单明细表如下:";
        final String title2="    名称           单价         数量        单项总计";
        String name=" 1.小炒鱼       ";           //名称
        float price=12.0f;                        //价格
        float num=1.0f;                           //数量
        float totalnum=price*num;                 //单项总计
        boolean member=true;                      //是否是会员
        final float Discount=0.8f;                //折扣率
        System.out.println(title1);
        System.out.println(title2);
        System.out.print(name);
        System.out.print(price);
        System.out.print("         ");
        System.out.print(num);
        System.out.print("         ");
        System.out.println(price*num);
        name=" 2.凉拌牛肉      ";
        price=10.0f;
        num=2.0f;
        System.out.print(name);
        System.out.print(price);
        System.out.print("         ");
        System.out.print(num);
        System.out.print("         ");
        System.out.println(price*num);
        System.out.println();
        totalnum=totalnum+price*num;
        System.out.println("请输入是否是会员(0 表示否,1 表示是,其他值暂不判断): ");
        Scanner sc=new Scanner(System.in);
        int temp=sc.nextInt();
        if(temp==1){
            member=true;
        }else if(temp==0){
            member=false;
        }else{
            
        }
        if(member){
            //如是是会员,则享受折扣
            System.out.println("您是会员,将享受会员优惠");
            System.out.println("您所消费的总额是: "+totalnum);
            System.out.println("您应付的总额是: "+totalnum*Discount);
            System.out.println("您已享受的会员优惠额为: "+totalnum*(1-Discount));
```

```
            }
            else System.out.println("您所消费的总额是："+totalnum);
        }
    }
```

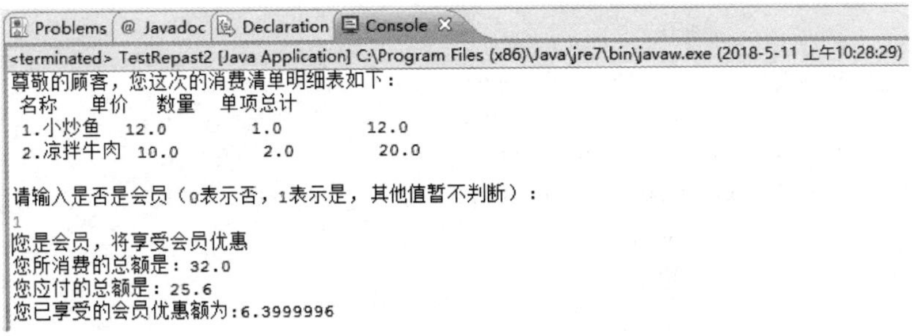

图 3-1　会员顾客的一次餐饮消费清单

通过使用常量 title1、title2 完成清单头的内容，用变量 name、price、num 等临时存储相应数值；通过从键盘输入数据，判断是否是会员，以改变变量 member 值；通过 if 语句进行会员判断，若是会员则按会员进行结算，若不是则按非会员进行结算。

3.2　[引导任务 3-2] 根据餐饮会员的积分值判断会员的等级

3.2.1　任务目标与要求

- 任务目标：学会 if 分支控制结构。
- 设计要求：高于 1000 分的为金牌会员；大于 700 分而小于等于 1000 分的为银牌会员；大于 500 分而小于等于 700 分的为铜牌会员；大于 200 分而小于等于 500 分的为铁牌会员；小于 200 分的普通会员。通过键盘读入积分，从而判断其分值所在范围，并进行相应的等级提示。

3.2.2　实施过程

在项目 repast 的包 ch03.part1 包中新建一个类 MemberScore，并为该类添加如下代码，最后保存、编译及运行。程序运行结果如图 3-2 所示。

```
package ch03.part1;

import java.util.Scanner;

/**
 *
 * @author huang
 */
public class MemberScore {
    public static void main(String[] args) {
        // 根据你的积分判断所在等级。
```

```
        int count;      //积分
        Scanner sc=new Scanner(System.in);
        System.out.println("请输入您的积分（当前只可输入数值):");
        count=sc.nextInt();
        System.out.println("尊敬的顾客，您当前是： ");
        System.out.println();
        if(count>1000)System.out.println("          金牌会员。");
        else if(count>700)System.out.println("          银牌会员。");
        else if(count>500)System.out.println("          铜牌会员。");
        else if(count>200)System.out.println("          铁牌会员。");
        else    System.out.println("普通会员！请加油呀。");
        System.out.println();
    }
}
```

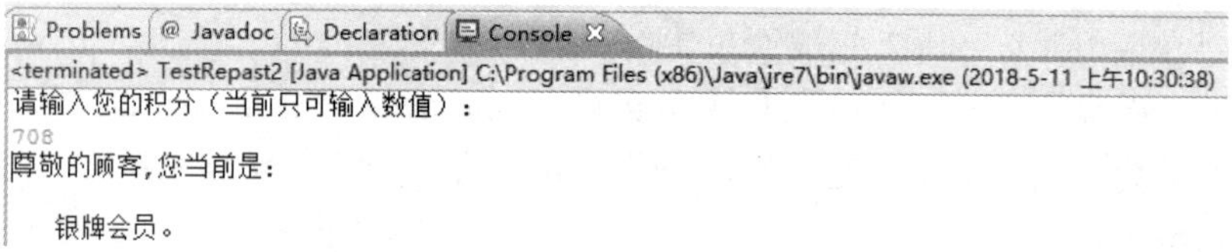

图 3-2 会员等级的判断

通过键盘输入积分值并将分值存放于变量 count 中，通过嵌套 if 结构进行连续条件区间的判断而完成相应的等级提示。

3.2.3 知识解析

1. 基本 if 分支结构

基本 if 结构形式是：

　　if(条件表达式) 语句体 1;
　　[else 语句体 2;]

其流程图如图 3-3 所示。

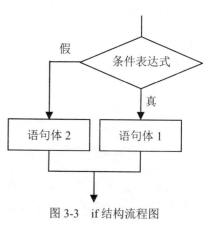

图 3-3 if 结构流程图

其中，"else 语句体"为可选项。在 if 结构中条件表达式的值必须是一个逻辑型。如果表达式的值是非逻辑型，系统将会报错。语句可以是一条语句，或是用"{ }"括起来的一组语句形成的语句体，语句体中可包含 Java 语言中的任何语句。

示例：

　　if(score>=60) System.out.println("及格");
　　else System.out.println("不及格");

2. 键盘输入

Scanner 是在 SDK1.5 以后新增的一个类，可以使用该类创建一个键盘输入对象。

　　Scanner reader=new Scanner(System.in);

reader 对象调用相关方法（函数）读取用户在命令行输入的各种数据类型。这些方法执行时都会造成堵塞，等待用户在命令行输入数据回车确认。常用的几个方法如下：

- nextInt()：等待用户输入一个整型数据并回车，该方法得到一个 int 类型的数据。
- nextDouble()：等待用户输入一个数值并回车，该方法得到一个 double 类型的数据。
- nextFloat()：等待用户输入一个数值并回车，该方法得到一个 float 类型的数据。
- nextLine()：等待用户输入一个文本行并回车，该方法得到一个 String 类型的数据。

示例：
    Scanner sc = new Scanner(System.in);
    int temp= sc.nextInt();
    String str=sc.nextLine();

另外，可使用 System.in.read()来读取键盘输入的值，不过该方式读取的为输入数值的 ASCII 码（一个 int 整数）。

注意：在 Eclipse 中，若要从控制台窗口输入中文内容，则必须将该项目属性中源的编码改为 GB2312（在项目上按鼠标右键，选择"属性"，在出现的对话框中的左侧选择"源"，将对应源面板右侧编码选项的值改为 GB2312）。

3. 嵌套的 if 结构

嵌套 if 结构的形式：
    if(条件表达式 1) 语句体 1；
    else if(条件表达式 2) 语句体 2；
    ……
    [else 语句体 n;]

其流程图如图 3-4 所示。

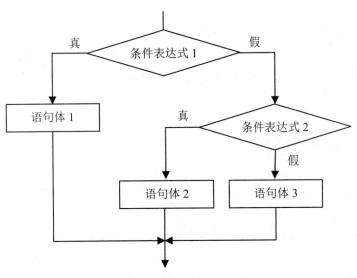

图 3-4　嵌套 if 结构流程图

如果不省略"else 语句 n;"，这种嵌套的 if 结构实际上总是能满足一个条件，因而只能执行一条语句；如果省略"else 语句 n;"，这种嵌套的 if 结构可能满足一个条件，因而执行一条语句，也可能所有条件都不满足，因而一条语句也不执行。同基本形式的 if 结构一样，各语句中可以是一条语句，或是用"{}"括起来的语句体。

[辅助示例 3-1] 统计学生的成绩，平均分在 85 分以上（含 85 分）的为优；85 分以下 70

分以上（含 70 分）为良；70 分以下 60 分以上（含 60 分）为合格；60 分以下的为不合格。

```java
public class StuAverage {
    public static void main(String[] args) {
        System.out.print("输入学生平均分：　");
        Scanner input = new Scanner(System.in);
        int average= input.nextInt();           //学生平均分
        if (average >100) {                     //平均分>100
            System.out.println("输入有误！");
        } else if (average >= 85) {             //100>=平均分>=85
            System.out.println("优");
        } else if (average >= 70) {             //85>平均分>=70
            System.out.println("良");
        } else if (average >= 60) {             //70>平均分>=60
            System.out.println("合格");
        } else {                                //平均分<50
            System.out.println("不合格");
        }
    }
}
```

3.2.4 训练任务

（1）完成引导任务 3-1 和引导任务 3-2 的程序设计与调试工作，具体内容请见引导任务 3-1 和引导任务 3-2。

（2）根据消费总额进行打折。消费总额在 100 元以上（含 100 元）时打 7 折；90 元以上（含 90 元）100 元以下时打 8 折；50 元以上（含 50 元）90 元以下时打 9 折；50 元以下的不打折。参考程序如下，但是该参考程序有错误，请读者调试并改正。

```java
import java.util.Scanner;

public class TestCal {
    public static void main(String[] args) {
        System.out.print("你的结账总额是：　");
        scanner input = new scanner(System.in);
        int totalAmount = input.nextInt();
        if (totalAmount < 0) {
            System.out.println("输入有误！");
        } else (totalAmount >100) {
            System.out.println("打 7 折");
        } else (totalAmount >90) {
            System.out.println("打 8 折");
        } else (totalAmount >50) {
            System.out.println("打 9 折");
        } else {
            System.out.println("不打折");
        }
    }
}
```

3.3 [引导任务 3-3] 设计出可供三种会员等级消费的选择主界面

3.3.1 任务目标与要求

- 任务目标：学会 switch 控制语句。
- 设计要求：能根据会员的选择进入不同的消费区。先通过输出语句完成界面提示，然后检测并接受键盘的输入，并判断该键值，根据选择键值进行相应的等级提示。

3.3.2 实施过程

在项目 repast 中新建一个包 ch03.part2，在该包中新建一个类 SwitchMember，并为该类添加如下代码，最后保存、编译及运行，程序运行结果如图 3-5 所示。

```java
package ch03.part2;

import java.io.IOException;

/**
 *
 * @author huang
 */
public class SwitchMember {
    public static void main(String[] args) throws IOException{
        // 根据会员的选择进入不同的消费区。
        char c='1';     //定义一个字符,用来接受键盘的输入。
        System.out.println("欢迎您使用餐饮系统 V1.0 版。请您选择消费区域！");
        System.out.println();
        System.out.println("          1. 金牌消费区");
        System.out.println("          2. 银牌消费区");
        System.out.println("          3. 普通消费区");
        System.out.println();
        System.out.print("请选择消费区域（输入数字）: ");
        try {
            c=(char)System.in.read();        //另一种方式读取键盘的数据
        } catch (IOException e) {
            // TODO Auto-generated catch block
            e.printStackTrace();
        }
        switch(c){
            case '1':
                System.out.println("您将进入金牌消费区。");
                break;
            case '2':
                System.out.println("您将进入银牌消费区。");
```

```
                    break;
            case '3':
                    System.out.println("您将进入铜牌消费区。");
                    break;
            default:
                    System.out.println("输入错误，请重新输入。");
        }
    }

}
```

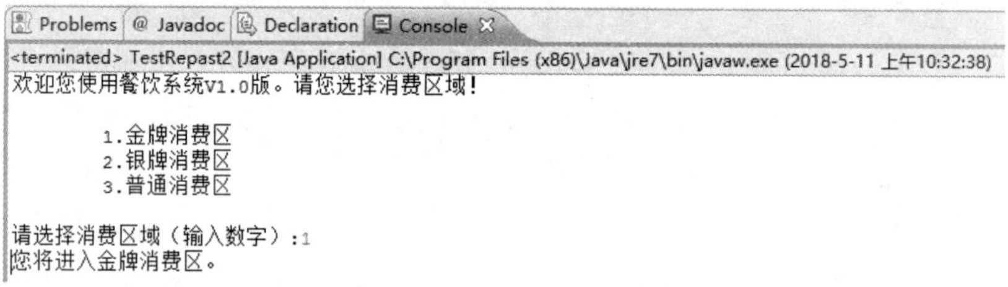

```
欢迎您使用餐饮系统v1.0版。请您选择消费区域！
    1.金牌消费区
    2.银牌消费区
    3.普通消费区
请选择消费区域（输入数字）:1
您将进入金牌消费区。
```

图 3-5　根据会员等级的选择进入不同的消费区

先通过输出语句完成界面提示，然后用变量 c 获取 System.in.read()所取得的键值。再通过开关语句 switch…case 来完成判断，并根据判断进入不同的选项/消费区。

3.3.3　知识解析

switch 选择结构

switch 选择结构的基本形式为：

```
switch (表达式)
{
    case 值1: {语句体1};[ break;]
    case 值2: {语句体2};[ break;]
    case 值3: {语句体3}; [break;]
    ……
    case 值n: {语句体n}; [break;]
    [ default: {语句体n+1};]
}
```

switch 选择结构流程图如图 3-6 所示。

switch 选择语句表达式的值应为一个 byte、short、int 或 char 类型的数值。

switch 选择结构的目的就是为了从众多情况中选择所希望的一种去执行，因而，每一分支语句中都用 break 语句作为结束。如果忽略掉 break 语句，程序只要找到一个分支入口后，将会继续执行后面的所有分支，直到遇到 break 语句或当前 switch 语句体结束，但这不是程序员所希望的。

switch 选择语句中可以有一个 default 语句作为所列分支都不匹配时的出口。

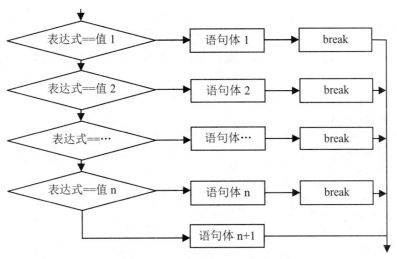

图 3-6 switch 选择分支流程图

[辅助示例 3-2] 输入两个操作数，然后输入一个操作符（+、-、*、/），并根据当前操作符进行运算。

```java
import java.util.Scanner;

public class TestSwitch {
    public static void main(String[] args) throws IOException{
        Scanner input = new Scanner(System.in);
        System.out.print("请输入第一个操作数：");
        int data1 = input.nextInt();
        System.out.print("请输入第二个操作数：");
        int data2 = input.nextInt();
        int result = 0;
        System.out.print("请输入一个操作符：");
        char opr =(char)System.in.read();
        switch (opr) {
            case '+':
              result = data1 + data2;
              break;
            case '-':
              result = data1 - data2;
              break;
            case '*':
              result = data1 * data2;
              break;
            case '/':
              result = data1 / data2;
              break;
        }
        System.out.println(data1 + " " + opr + " " + data2 + " = " + result);
    }
}
```

3.3.4 训练任务

（1）完成引导任务 3-3 的程序设计与调试工作，具体内容见引导任务 3-3。

（2）从键盘输入 2012 年的某一月份，打印出该月份的天数，参考程序如下。该参考程序还存在一定的错误，请读者调试改正。

```java
public class TestSwitch {
    public static void main(String[] args) throws IOException {
        int month;
        int day;
        Scanner sc = new Scanner(System.in);
        System.out.println("请输入月份：");
        month = sc.nextInt();
        switch (month) {
            case 1
            case 3
            case 5
            case 7
            case 8
            case 10
            case 12:
                day = 31;
                break;
            case 4
            case 6
            case 9
            case 11:
                day = 30;
                break;
            case 2:
                day = 29;
                break;
            default:
                day = -1;
        }
        if (day = -1) {
            System.out.println("无效输入");
        } else {
            System.out.println("2012 年"+month+"月的共有"+day+"天。");
        }
    }
}
```

3.4 [引导任务 3-4] 输入某顾客一次餐饮消费中的消费清单

3.4.1 任务目标与要求

- 任务目标：学会 for 循环控制结构。

- 设计要求：能通过键盘的输入消费清单数据，如菜品名称、单价、消费数量等，循环接受键盘的输入，直到输入完清单中所有项目。

3.4.2 实施过程

在项目 repast 中新建一个包 ch03.part3，在该包中新建一个类 ConList，并为该类添加如下代码，保存、编译及运行后结果如图 3-7 所示。

```java
package ch03.part3;

/**
 *
 * @author huang
 */
import java.util.*;              //引入 Java 系统包。
public class ConList{             //输入消费的数据
    public static void main(String args[]) {
        int count;
        String name;              //名称
        float price;              //价格
        float num;                //数量
        float totalnum=0;         //单项总计
        Scanner input = new Scanner(System.in);
        System.out.print("请输入消费种类数：");
        count = input.nextInt();
        for (int i = 1; i <= count; i++) {
            System.out.println("请输入第" + i + "种的相关内容：");
            System.out.print("第" + i + "种名称:");
            name = input.next();
            System.out.print("第" + i + "种单价:");
            price = input.nextFloat();
            System.out.print("第" + i + "种数量:");
            num = input.nextFloat();
            totalnum=price*num;
            System.out.println("菜品名    单价    数量");
            System.out.println(name+"    "+price+"    "+num);
        }
        System.out.println("您的消费总额是："+totalnum);
    }
}
```

先通过用 Scanner 对象 input 获取键盘的输入数据，然后通过循环语句 for 进行循环输入消费信息并输出。

3.4.3 知识解析：for 循环结构

for 循环结构的一般格式：

```
for (循环初始值; 循环条件; 循环增长量){
    循环体
}
```

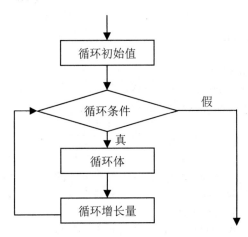

图 3-7 运行结果

for 循环结构流程图如图 3-8 所示。

图 3-8 for 循环流程图

for 循环结构中的初始值、循环测试条件及增长量皆由表达式组成，三者皆为可选项，既可以在 for 循环结构之前设定好循环初始值，也可以在 for 循环结构体内对增长量加以设定。如果没有测试条件，那么将是无穷循环，例如：

  for(; ;){}

"循环初始值; 循环条件; 循环增长量"三者之间用分号";"分隔，故每个部分可以有几个表达式，每个表达式之间用逗号","分隔，如：

  for(i = 0,j = 0; i + j < 100; i++, j += 2)

for 结构常常临时说明局部变量作为循环变量使用，当 for 循环结束时，临时局部变量即失效。如：

  for (int i=0; i<10; i ++) {}

示例：用 for 循环完成 1+2+3+…+100 的计算.

  …
  int sum=0;

```java
for(int i=0;i<=100;i++){
    sum=sum+i;
}
System.out.println("1+2+3+…+100="+sum);
…
```

3.4.4 训练任务

（1）完成引导任务 3-4 的程序设计与调试工作，具体内容请见引导任务 3-4。

（2）根据平时玩的贪吃蛇游戏，模拟连续吃到 10 个食物的过程。要求通过随机函数产生一个 1～20 的数，若该数能被 3 整除表示吃到食物，直到吃到 10 个食物为止。

```java
public class EatFood {

    public static void main(String[] args) {
        int temp = 0;
        int food = 0;
        for (int i = 0; i < 10;) {
            Random rm = new Random();
            temp = 1 + rm.nextInt(20);    //[1,21]，nextInt(int n)方法返回一个[0, n)范围内的随机数
            if (temp % 3 == 0) {
                System.out.println("蛇吃到食物： " + temp);
                i++;
            }
        }
    }
}
```

（3）利用 for 循环打印出以下格式的内容，参考程序如下，但该参考程序有一定的错误，请读者调试改正。

```
*****
****
***
**
*
public class PrintStar{
    public static void main(String[] args) {
        for (int i == 5; i > 0; i--);          //打印列
        {
            for (int j == 0; j < i; j++);      //打印行并控制每行的*数量
            {
                System.out.println("*");
            }
            System.out.println();
        }
    }
}
```

3.5 [引导任务 3-5] 设计餐饮系统的登录界面

3.5.1 任务目标与要求

- 任务目标:学会使用 while 循环语句。
- 设计要求:要求三次登录不成功则退出登录界面。循环接受键盘的输入,并判断每次输入的数据是否合要求,若合符要求,则进入系统,否则重新输入数据。三次输入不成功则退出登录界面。

3.5.2 实施过程

在项目 repast 中新建一个包 ch03.part4,并在该包中新建一个类 WhileLogin,并为该类添加如下代码,最后保存、编译及运行,程序运行结果如图 3-9 所示。

```java
package ch03.part4;

import java.util.Scanner;

/**
 *
 * @author huang
 */
public class WhileLogin {

    public static void main(String args[]) {
        int i = 0;
        final String Mpass = "123456";
        final String Mname = "ming";
        String pass;
        String name;
        System.out.println("欢迎使用明生餐饮信息管理系统 V1.0! ");
        while (i < 3) {
            Scanner input = new Scanner(System.in);
            System.out.print("请输入用户名:");
            name = input.next();
            System.out.print("请输入用户密码:");
            pass = input.next();
            if (pass.equals(Mpass) && name.equals(name)) {
                System.out.println("欢迎光临,请享用! ");
                break;
            }
            i++;
            System.out.println("对不起,您输入的用户或密码有误. 请重新输入:");
        }
        if (i == 3) {
```

```
                System.out.println("对不起，您已三次输入错误. 您没有使用该系统的权限，请离
开，谢谢！");
                }
            }
        }
```

```
<terminated> TestRepast2 [Java Application] C:\Program Files (x86)\Java\jre7\bin\javaw.exe (2018-5-11 上午10:39:59)
欢迎使用明生餐饮信息管理系统V1.0！
请输入用户名:mi
请输入用户密码:12
对不起,您输入的用户或密码有误.请重新输入：
请输入用户名:tt
请输入用户密码:34
对不起,您输入的用户或密码有误.请重新输入：
请输入用户名:ming
请输入用户密码:55
对不起,您输入的用户或密码有误.请重新输入：
对不起,您已三次输入错误.您没有使用该系统的权限,请离开,谢谢！
```

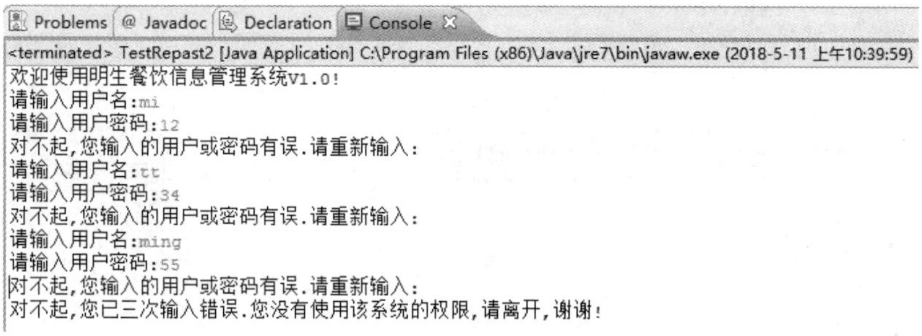

图 3-9　三次登录程序

先通过用 Scanner 对象 input 获取键盘的输入数据，然后通过循环语句 while 进行三次循环控制。

3.6　[引导任务 3-6] 设计餐饮系统退出时的界面

3.6.1　任务目标与要求

- 任务目标：学会使用 do…while 循环语句。
- 设计要求：当正在运行的餐饮系统被用户关闭时，要询问是否还要进行使用，以增强交互。循环接受键盘的输入，根据输入判断是否退出系统。

3.6.2　实施过程

在项目 repast 的包 ch03.part4 包中新建一个类 DoWhileOut，并为该类添加如下代码，最后保存、编译及运行，程序运行结果如图 3-10 所示。

```java
package ch03.part4;

import java.util.Scanner;

/**
 *
 * @author huang
 */
public class DoWhileOut {
    //用户关闭系统时，询问是否还要进行使用
    public static void main(String args[]) {
        Scanner input = new Scanner(System.in);
        String anwser;              //用户回答
        do {
```

```
            System.out.println("系统开始。");
            System.out.println("正在使用……");
            System.out.println("使用完成！还要继续吗？y/n：");
            anwser = input.next();
        } while (anwser.equals("y"));
        System.out.println("系统已退出。");
    }
}
```

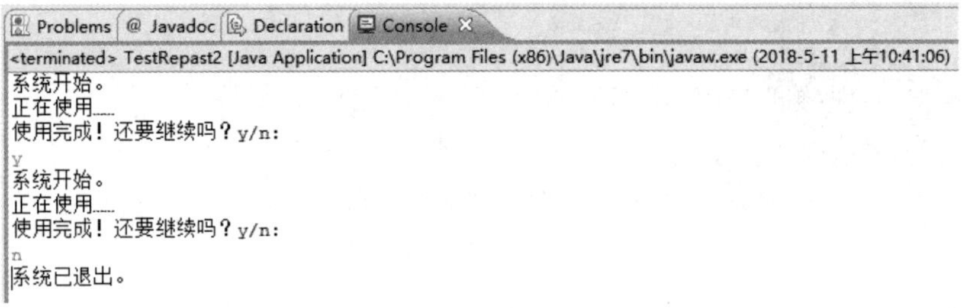

```
系统开始。
正在使用……
使用完成！还要继续吗？y/n：
y
系统开始。
正在使用……
使用完成！还要继续吗？y/n：
n
系统已退出。
```

图 3-10　系统退出时的提示

通过循环语句 do…while 循环检测 Scanner 对象 input 获取的输入数据。若数据为字符 y 则游戏结束，否则继续游戏。

3.6.3　知识解析

1．while 循环结构

while 循环结构的表达形式为：

　　　while (循环条件)
　　　　　{ 语句体 }

其中"循环条件"为一个逻辑表达式。

while 循环结构流程图如图 3-11 所示。

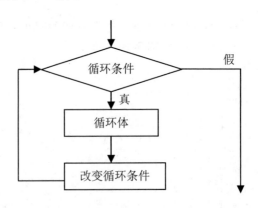

图 3-11　while 循环结构流程图

while 循环结构在每一次循环之前先计算逻辑表达式的值。如果值为真，则执行语句体；如果为假，则转到执行语句体的下一条语句。也就是说，语句体可能被循环执行多次，也可能一次也不被执行。

示例：用 while 循环完成 10!的计算。
```
...
int sum=1;
int i=1;
while(i<=10){
    sum=sum*i;
    i++;
}
    System.out.println("10!="+sum);
...
```

2. do…while 循环结构

do…while 循环结构的表达形式为：
```
do
    { 语句体 }
while (表达式);
```

do…while 循环结构流程图如图 3-12 所示。

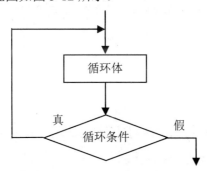

图 3-12　do…while 循环结构流程图

其中"循环条件"为一个逻辑表达式。与 while 循环结构不同的是，do…while 循环结构的语句体至少被执行一次。也就是说，do…while 循环结构先执行一次语句体，再计算逻辑表达式的值。如果值为真，则去执行语句体；如果值为假，则执行下一段程序。

示例：用 do…while 循环完成 10!的计算。
```
...
int sum=1;
int i=1;
do{
    sum=sum*i;
    i++;
} while(i<=10)
    System.out.println("10!="+sum);
...
```

3.6.4　训练任务

（1）完成引导任务 3-5 与引导任务 3-6 的程序设计与调试工作，具体内容请见引导任务 3-5 与引导任务 3-6。

（2）模拟会员抽奖。从键盘输入 3 位会员号，若输入的会员号与随机生成的数据一致表示中奖，否则为不中奖。当输入会员号为 0 时退出。参考代码如下，但该参考代码有一定的错误，请读者调试改正。

```java
public class GetAward {
    public static void main(String[] args) {
        int a = 0;
        Scanner sc = new Scanner(System.in);
        Random rm = new Random();
        int b = 100 + rm.nextInt(900);        //[100,1000)
        do {
            System.out.println("输入你的会员号：");
            a = sc.nextInt();
            if (a > 99 && a < 1000) {
                if (a == b) {
                    System.out.println("恭喜您，您中奖了");
                } else {
                    System.out.println("很遗憾，您没中奖");
                }
            }
        } while (a != 0)
    }
}
```

3.7 [引导任务 3-7] 用程序描述顾客点菜的过程

3.7.1 任务目标与要求

- 任务目标：学会使用控制转移结构。
- 设计要求：能从键盘依次输入顾客所点的菜品，并要循环接受键盘的输入，根据输入判断是否继续点菜。

3.7.2 实施过程

在项目 repast 中新建一个包 ch03.part5，在该包中新建一个类 CusSelVeg，并为该类添加如下代码，最后保存、编译及运行程序，程序运行结果如图 3-13 所示。

```java
package ch03.part5;

import java.util.Scanner;

/**
 *
 * @author huang
 */
public class CusSelVeg {
```

//服务生为您点菜的过程
```java
public static void main(String args[]) {
    Scanner input = new Scanner(System.in);
    String ask;                //服务生询问
    int i = 1;                 //点到第几个菜了
    System.out.println("服务生，您好，请过来为我点菜！");
    System.out.println("点菜开始。");
    while (1 == 1) {
        System.out.println("点菜……");
        System.out.print("您已点了" + i + "个菜，");
        System.out.print("还要继续点菜吗？y/n:");
        ask = input.next();
        i++;
        if (ask.equals("y")) {
            System.out.println("您还要点菜。");
            continue;
        } else if (ask.equals("n")) {
            System.out.println("您点完菜了。");
            break;
        } else {
            i--;
        }
    }
    System.out.println("点菜结束！");
}
```

图 3-13　顾客点菜

通过循环语句 while 循环进行询问，并检测 Scanner 对象 input 获取的输入数据。若输入的是字符 y 则继续点菜，否则结束点菜。

3.7.3　知识解析

1. continue

continue 语句有以下两种形式：

```
continue;
continue 标号;
```
continue 语句流程图如图 3-14 所示。

图 3-14 continue 语句流程图

continue 语句的作用就是提前继续下一个循环。即：如果正在进行第 N 次循环，就增加循环变量，测试循环条件，如果符合，进入第 N+1 次循环。

第二种形式"continue 标号;"用在希望结束内部循环而继续外部循环，同时不希望外部循环从头开始。此时就事先在外部循环处加上标号，并在循环体中用"continue 标号;"语句实现这种跳转。标号由一个标识符加冒号组成。

[辅助示例 3-3] 判断 100 以内能被 3 整除的数有多少。

```java
public class TestContinue {
    public static void main(String[] args) {
        int sum = 0;
        for(int i = 1; i <= 100; i++){
            if(i % 3== 0){
                continue;
            }
            sum += 1;
        }
        System.out.println("sum=" + sum);
    }
}
```

2．break

break 语句有以下两种形式：
```
break;
break 标号;
```
break 语句流程图如图 3-15 所示。

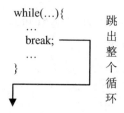

图 3-15 break 语句流程图

break 语句用于 for、while、do...while 与 switch 结构中，其语句的作用与 continue 语句正好相反。执行 break 语句时，程序跳转到循环结构或选择结构语句块的结束处，执行下一条语句。

使用第二种形式"break 标号;"时，应在程序中事先定义一个匹配的标号，且此标号必须在一个完整程序块开始处。这一程序块可以为任何语句，不一定是循环语句或 switch 语句，这与"continue 标号;"中的标号位置不同，在 continue 中标号必须在外部循环开始处。

[辅助示例 3-4] break 语句示例，从键盘输入整数，直到输入 0 时退出。

```
import java.util.Scanner;
public class TestBreak {
    public static void main(String[] args) {
        int n, count = 0;
        Scanner scanner = new Scanner(System.in);
        System.out.println("请输入整数（输入 0 结束）：");
        while(true){
            n = scanner.nextInt();
            if(n == 0){
                break;
            }
            count++;
        }
        System.out.println("共有"+count+"个字符。");
    }
}
```

3. return

return 语句有以下两种形式：

```
return;
return (表达式);
```

return 语句用于从当前程序中返回上一级程序。使用第二种形式能向上一级程序返回一个返回值。若程序的返回值设定为 void 类型，则只能使用第一种返回形式。

[辅助示例 3-5] return 语句示例。

```
public class TestReturn{
    public static int getOne(int i){
        System.out.println("传入的 i 值是"+i);
        return i;
    }
    public static void main(String[] args) {
        for (int i = 0; i < 3 ; i++ ){
            System.out.println("i 的值是" + i);
            int a=TestReturn.getOne(i);
            System.out.println("return 后的 i 为："+a);
        }
    }
}
```

3.7.4 训练任务

（1）完成引导任务 3-7 的程序设计与调试工作。具体内容见引导任务 3-7。

（2）以下程序功能为：当按键为 p 时暂停，按键为 c 时继续，其他按键值暂时不处理，直到按键为 e 时退出。该程序有一定的错误，请调试改正。

```
public static void main(String[] args){
    System.out.println();
    Scanner sc=new Scanner(System.in);
    String tempkey=sc.next();
    While(1==1){
        If(tempkey.equals("e"))BREAK;
            If(tempkey.equals("p"))System.out.println("暂停");
            If(tempkey.equals("c"))System.out.println("继续");
        tempkey=sc.nextInt();
    }
    System.out.println("退出);
}
```

3.8 课外习题

一、选择题

1. 执行下列语句序列后，i 和 j 的值分别是（　　）。
   ```
   int i=3, j=5;
   if( i-1> j ) i--;   else j--;
   ```
   A）2，4　　　　B）2，5　　　　C）3，4　　　　D）3，5

2. 执行下列语句序列后，k 的值是（　　）。
   ```
   int i=3, j=5, k=7;
   switch(j-i)
   {   case 1: k++;
       case 2: k+=2;
       case 3: k+=3;
       default : k/=i;
   }
   ```
   A）2　　　　　B）4　　　　　C）6　　　　　D）8

3. 下列语句序列执行后，j 的值是（　　）。
   ```
   int j=5, i=6;
   while(i-- >3) --j;
   ```
   A）1　　　　　B）2　　　　　C）3　　　　　D）4

4. 以下 for 循环的执行次数是（　　）。
   ```
   for(int i=1;(i==1)&(i>2);x++);
   ```
   A）无限次　　　　　　　　　B）一次也不执行
   C）执行一次　　　　　　　　D）执行两次

5. 下列语句序列执行后，n 的值是（　　）。
    int l=3, m=6, n=1;
    while((l++) < (-- m)) ++n;
    A）0　　　　　　　　B）1　　　　　　　　C）2　　　　　　　　D）3

6. 以下由 do…while 语句构成的循环执行的次数是（　　）。
    int m=1;
    do { ++m; } while (m<1);
    A）一次也不执行　　　　　　　　B）执行 1 次
    C）2 次　　　　　　　　　　　　D）有语法错，不能执行

7. 下列循环中，执行 break outer 语句后，所列（　　）语句将被执行。
    outer:
        for(int i=1;i<5;i++)
        {
            inner:
            for(int j=1;j<5;j++)
            {
                if(i*j>50)
                break outer;
                System.out.println(i*j);
            }
        }
        next:
    A）标号为 inner 的语句　　　　　B）标号为 outer 的语句
    C）标号为 next 的语句　　　　　D）以上都不是

8. 下列循环中，执行 continue outer 语句后，（　　）说法正确。
    outer:
        for(int i=1;i<5;i++)
        {
            inner:
            for(int j=1;j<5;j++)
            {
                if(i*j>50)
                continue outer;
                System.out.println(i*j);
            }
        }
        next:
    A）程序控制在外层循环中并且执行外层循环的下一迭代
    B）程序控制在内层循环中并且执行内层循环的下一迭代
    C）执行标号为 next 的语句
    D）以上都不是

9. 下列语句中执行跳转功能的语句是（　　）。
    A）for 语句　　　　　　　　　　B）while 语句
    C）continue 语句　　　　　　　　D）switch 语句

10．下列关于 for 循环和 while 循环的说法中哪个是正确的？（　　）

A）while 循环能实现的操作，for 循环也都能实现

B）while 循环判断条件一般是程序结果，for 循环判断条件一般是非程序结果

C）两种循环任何时候都可替换

D）两种循环结构中都必须有循环体，循环体不能为空

二、操作题

1．编写两个程序，分别使用 if 选择结构和 switch 选择结构实现判断成绩的等级。接受键盘输入一个成绩，小于 60 分为"不合格"；60～80 分为"合格"；80～90 分为"良好"；90 分以上为"优秀"。

2．用嵌套的 for 循环编写程序，要求通过这个嵌套的循环在屏幕上打印下列图案。

```
                1
              1 2 1
            1 2 3 2 1
          1 2 3 4 3 2 1
        1 2 3 4 5 4 3 2 1
      1 2 3 4 5 6 5 4 3 2 1
    1 2 3 4 5 6 7 6 5 4 3 2 1
  1 2 3 4 5 6 7 8 7 6 5 4 3 2 1
```

3．编写程序，对三个整数排序。由键盘输入整数并分别存入变量 num1、num2 和 num3，然后对它们进行排序，使得 num1<=num2<=num3。

4．编写程序，读入一个整数，显示它的所有素数因子。例如，若输入整数为 120，输出应为 2、2、2、3、5。

5．编写程序，实现字母的加密。首先输出原始字母 password，然后将这一原始字母加密，每个字母都变成字母表中其后的两个字符（字母循环计算，即 a～z～a）输出。

单元 4 设计应用程序的类与接口

面向对象技术（Objected-Oriented Technology）是一种全新的设计和构造软件的技术。它的基本做法是把系统工程中的某个模块和构件视为问题空间的一类对象，面向对象技术的核心是对象。

1. 工作任务
（1）定义菜品类。
（2）为菜品类添加主方法。
（3）实现餐饮管理系统消费结算功能。
（4）自定义一个用于消费结算的接口。
2. 学习目标
（1）学会定义类。
（2）学会使用对象。
（3）学会应用继承与多态构建程序。
（4）学会使用接口。

4.1 引导资料

4.1.1 面向对象的基本概念

1. 对象（Object）

对象由属性（Attribute）和行为（Action）两部分组成，是数据和行为的统一体。属性是用来描述对象静态特征的一个数据项，行为是用来描述对象动态特征的一个操作。一个对象可以是一个手机、用户界面的一个窗口，事实上它可以是任何东西。每一种对象都有各自的内部状态和运动规律，不同对象之间的相互联系和相互作用就构成了各种不同的系统。

2. 类（Class）

共享同一属性和方法集的所有对象的集合构成类。类是 Java 语言面向对象编程的基本元素，它定义了一个对象的结构和行为。它为属于该类的全部对象提供了统一的抽象描述，其内部包括属性和行为两个主要部分，简单地说，类是对象集合的再抽象。类与对象的关系如同一个模具与用这个模具铸造出来的产品之间的关系。类给出了属于该类的全部对象的抽象定义，而对象则是符合这种定义的一个实体。所以，一个对象又称作类的一个实例（Instance）。如菜单中的菜品均具有名称、单价、原料等共性，以及相同的操作方法，如查询、计算价格等，因而，可抽象为菜单类。被抽象的对象称为实例，如凉拌牛肉、小炒鱼等。

3. 消息（Message）

为了能完成固有的任务，对象需要与其他对象进行互操作，这是连接对象与外部世界的唯一通道。互操作可能发生在同一个类的不同对象之间，或是不同类的对象之间。通过发送消息给其他对象，传递消息或请求动作，互操作得到处理。例如，当一个用户按下鼠标，选择了屏幕上对话框里的一个命令按钮，一条消息就发给了对话框对象，通知它命令按钮被按下了。消息可用来改变对象的状态或请求该对象完成一个动作。

4. 接口（Interface）

接口是一个类所具有的方法的特征集合，是一种逻辑上的抽象。接口是消息的通道，通过接口，消息才能传递到具体的处理方法中进行处理。接口把方法的特征和方法的实现分割开来。这种分割体现在接口常常代表一个角色，它包装与该角色相关的操作和属性，而实现这个接口的类便是扮演这个角色的演员。一个角色由不同的演员来演，而不同的演员之间除了扮演一个共同的角色之外，并不要求有其他的共同之处。

4.1.2 面向对象的特性

面向对象技术的基本特征主要有抽象性、封装性、继承性和多态性。

1. 抽象性（Abstract）

抽象是一种机制，就是忽略事物中与当前目标无关的非本质特征，更充分地注意与当前目标有关的本质特征。它使得复杂的、真实世界的情况可以通过简单的模型被表示出来，是真实世界的对象或概念的模型。例如，在设计一个学生成绩管理系统的过程中，考察学生李三这个对象时，就只关心他的姓名、课程、成绩等信息，而忽略他的出生时间、视力等信息。

2. 封装性（Encapsulation）

封装就是把对象的属性和行为结合成一个独立的单位，并尽可能隐蔽对象的内部细节。对相关思想的抽象被封装在一个单元里。将抽象出来的状态和行为结合在一个封装的整体里，这个封装体称为类。对系统的其他部分来说，状态和行为的真实内部实现被隐藏起来了。在Java中，通过在类定义里面来定义属性和方法的方式强制实现封装过程。

封装信息的隐蔽作用反映了事物的相对独立性。可以只关心它对外所提供的接口，即能做什么；而不注意其内部细节，即怎么提供这些服务。

封装的结果使对象以外的部分不能随意存取对象的内部属性，从而有效地避免了外部错误对它的影响，大大降低了查错和排错的难度。

封装机制将对象的使用者与设计者分开，使用者不必知道对象行为实现的细节，只需要用设计者提供的外部接口让对象去做。封装的结果实际上隐蔽了复杂性，并提供了代码重用性，从而降低了软件开发的难度。

3. 继承性（Inheritance）

继承是一种联结类与类的层次模型。继承性是指特殊类的对象拥有其一般类的属性和行为。继承意味着"自动地拥有"，即特殊类中不必重新定义已在一般类中定义过的属性和行为，而它却自动地、隐含地拥有其一般类的属性与行为。继承允许和鼓励类的重用，提供了一种明确表述共性的方法。一个特殊类既有自己新定义的属性和行为，又有继承下来的属性和行为。尽管继承下来的属性和行为是隐式的，但无论在概念上还是在实际效果上，都是这个类的属性和行为。当这个特殊类又被它更下层的特殊类继承时，它继承来的和自己定义的属性和行为又被下一层的特殊类继承下去。因此，继承是传递的，体现了大自然中特殊与一般的关系。

在软件开发过程中，继承性实现了软件模块的可重用性、独立性，缩短了开发周期，提高了软件开发的效率，同时使软件易于维护和修改。这是因为要修改或增加某一属性或行为，只需在相应的类中进行改动，而它派生的所有类都自动地、隐含地做了相应的改动。由此可见，继承是对客观世界的直接反映，通过类的继承，能够实现对问题的深入抽象描述，反映出人类认识问题的发展过程。

4. 多态性（Polymorphism）

多态性是面向对象系统最终表现出来的基本特征。当使用继承扩展通用的类来得到特殊的类时，通常也会对通用类的一些行为进行扩展。特殊类常常会实现与通用类有些差别的行为，但是行为的名字会保持一样。给定一个对象实例，正确地使用它的行为非常重要，而多态性保证这一点自动并且无缝地实现。具体来说，多态性是指类中同一函数名对应多个具有相似功能的不同函数，可以使用相同的调用方式来调用这些具有不同功能的同名函数。

继承性和多态性的结合，可以生成一系列虽类似但独一无二的对象。由于继承性，这些对象共享许多相似的特征；由于多态性，针对相同的消息，不同对象可以有独特的表现方式，实现特性化的设计。

4.2 [引导任务 4-1] 定义菜品类

4.2.1 任务目标与要求

- 任务目标：能定义类。
- 设计要求：要能描述菜品的名称、编号、单价等有关特性，并提供菜品的名称、单价及编号等相关属性的获取与设置的方法。

4.2.2 实施过程

在 Eclipse 中打开项目 repast，然后在该项目中新建一个包 ch04.part1，再在 ch04.part1 包中新建一个类 TestVegtable，并为该类添加如下代码，最后保存、编译。

```java
package ch04.part1;
/**
 *
 * 菜单类，定义菜编号、菜名、价格等
 */
public class TestVegtable {

    private int vegID;
    private String vegName;
    private double vegPrice;

    public TestVegtable() {
    }

    public TestVegtable(int vegID, String vegName, double vegPrice) {
```

```
            this.vegID = vegID;
            this.vegName = vegName;
            this.vegPrice = vegPrice;
        }

        public void setVegID(int vegID) {
            this.vegID = vegID;
        }

        public void setVegName(String vegName) {
            this.vegName = vegName;
        }

        public void setVegPrice(double vegPrice) {
            this.vegPrice = vegPrice;
        }

        public int getVegID() {
            return vegID;
        }

        public String getVegName() {
            return vegName;
        }

        public double getVegPrice() {
            return vegPrice;
        }

    }
```

上述代码用变量 vegID、vegName 和 vegPrice 分别代表菜品的编号、名称和单价，用于描述菜品的相关属性。同时用一系列 get 方法和 set 方法完成相关属性值的存取。

4.2.3 知识解析：类的声明

在 Java 程序里，一个类定义了一个对象的结构和它的功能，将要表达的概念信息抽象封装在这个类里，封装好的各种功能称为成员方法。当 Java 程序运行时，系统用类来创建类的实例，类的实例就是真正的对象。类定义的一般形式如下：

```
[访问控制修饰符] [abstract] [final] <class> <类名> [extends 父类] [implements 接口列表] [throws 异常类型列表]
{
    类体[成员变量和成员方法]
}
```

其中，[]中的内容是可选项。下面是对类定义中相关内容的说明。

（1）访问控制修饰符主要有 friendly 和 public。friendly 是将一个类声明为友元类型，是一个默认的修饰符，只能被同一个源程序文件或同一个包中的其他类的对象使用；public 是将一个类声明为公共类，可以被任何包中的类使用，在同一个源程序文件中，不能出现两个以上的 public 类，否则编译出错。

（2）abstract 修饰符，将一个类声明为抽象类，不能用它来实例化一个对象，只能被继承。因为方法没有被实现，需要子类提供方法来实现。

（3）final 修饰符，将一个类声明为最终类，一个最终类不可能有子类，也就是它不能被继承。final 与 abstract 不能同时修饰一个类，此种类无意义。

（4）关键字 class 告诉编译器这是一个类，类名是可以自由选取但必须是合法的标识符。

（5）关键字 extends 用来表明创建的类是父类派生的子类，是从父类继承下来的。

（6）关键字 implements 告诉编译器类实现的接口，说明类可以实现的一个或多个接口，如果有多个实现接口，要用逗号分隔。

（7）关键字 throws 告诉编译器类将要抛出的异常类型，编程人员可以在类的声明时指定一个或多个异常，当有多个异常类型时用逗号分隔。

（8）类体是类的具体实现，主要包括类的成员变量和成员方法。

（9）类只有在通过相应方式创建对象后，其所属的方法和属性才能够被其对象访问。

4.2.4 成员变量

类的成员变量表明类的状态，成员变量也称为实例变量。成员变量的定义格式如下：

[访问控制修饰符] [static] [final] [transient] [volatile]<数据类型> <成员变量名称>

其中，[]中的内容是可选项。下面是对成员变量的定义格式中的相关内容的说明：

（1）访问控制修饰符：主要包括 friendly、private、protected 和 public 四种，主要完成变量的访问权限的控制。它们各自的含义请见 4.3.3 的访问控制中的表 4-1。

（2）static（静态）变量：指定该变量被所有对象共享，对所有的实例只使用一个备份。也就是说，静态变量只有一个版本，所有的实例对象引用的都是同一个静态变量。而实例变量在对象实例化后，每个实例变量都被制作一个副本，它们之间互不影响。由此，static 声明的成员变量被视为类的成员变量，即类变量，而不把它当作实例对象的成员变量，即实例变量。

（3）关键字 final：一旦成员变量被声明为 final，在程序运行中将不能被改变。其实，这样的成员变量就是一个常量。

（4）transient：暂时性变量，防止对象序列化。

（5）volatile：用来防止编译器在成员上执行某种优化，较少使用。

（6）数据类型：可以是 Java 中的简单数据类型、数组、类和接口。

（7）成员变量名称：在一个类中，成员变量应该是唯一的，且是一个合法标识符。

1. 成员方法

类的方法实现了类所具有的行为，其他对象可以根据类的方法对类进行访问。成员方法的定义格式如下：

[访问控制修饰符] [static] [final] [abstract] [native] [synchronized] <返回值类型> <方法名>(参数表) [throws 异常类型]{
　　[方法体]
　}

其中，[]中的内容是可选项。下面是对成员方法的定义格式中的相关内容的说明。

（1）访问控制修饰符：主要包括 friendly、private、protected 和 public 四种，主要完成方法的访问权限的控制。它们各自的含义见 4.3.3 访问控制中的表 4-1。

（2）static 修饰符与成员变量中的 static 功能相同。在此使用 static 修饰符的方法称为静态方法或类方法，没有用 static 修饰的为非静态方法，也称为实例方法。实例方法可使用类变量，也可使用实例变量。实例方法只能通过对象来引用。静态方法只能使用静态变量，不能使用实例变量。静态方法可通过类名来引用，也可用对象来引用。

（3）final（最终）方法：成员方法被声明为最终方法后，将不能被子类覆盖，即能被子类继承和使用，但不能在子类中修改或重新定义。

（4）abstract（抽象）方法：所谓抽象方法是指在类中没有方法体的方法，即只有声明没有实现的方法。

（5）native 指定此方法实际是用另一种语言（如 C）编写的代码存根。

（6）synchronized 使用线程，指定当线程执行时该方法将被锁定，防止另一个线程激活它。

（7）返回值类型：成员方法的返回值类型可以是 Java 中简单数据类型、数组、类和接口，若方法没有返回值就用关键字 void 作为返回值类型。

（8）方法名：可以是任何一个有效的标识符，方法名最好有实际意义，以增加程序的可读性，方法名可以与成员变量重名。

（9）参数表：参数表中要声明参数的类型，并用逗号分隔多个参数；方法的调用者通过参数表将外部消息传递给方法；参数的类型可以是简单数据类型，也可以是引用数据类型（数组、类和接口）。

（10）throws（异常）类型：抛出程序在运行时可能发生的异常，每一个异常对象都对应着一个异常类。

[辅助示例 4-1] 表示长方形的 Rectangle 类定义。

```
// Rectangle 类的定义
public class Rectangle{
    private int x;
    private int y;
    private int width;
    private int height;
    public int getArea(){
        return weight*height;
    }
    public int getPerimeter(){
        return 2*(width+height);
    }
    public void draw(){
        System.out.println("现在开始画矩形！");
    }
}
```

辅助示例 4-1 定义了一个名为 Rectangle 的类，在类中定义了成员变量 x、y、width、

height 和成员方法 getArea()、getPremeter()、draw()。

[辅助示例 3-2] 表示圆的 Circle 类定义。

```
// Circle 类的定义
public class Circle{
    private final double PI=3.14;
    private int x;
    private int y;
    private radius;
    public Circle(){
        x=0;
        y=0;
        radius=0;
    }
    public Circle(int x,int y,int radius){
        this.x=x;
        thix.y=y;
        this.radius=radius;
    }
    int getArea(){
        return PI*radius*radius;
    }
    int getPerimeter(){
        return 2*PI*radius;
    }
    public void draw(){
        System.out.println("现在开始画圆！");
    }
}
```

辅助示例 4-2 定义了一个名为 Circle 的类，在类中定义了成员变量 x、y、radius 和成员方法 getArea()、getPremeter()、draw()。另外，还定义了两个构造方法：Circle()，Circle(参数)。

2. 构造方法

构造方法可视为一种特殊的方法，它用于对象被创建时初始化成员变量或对象，它具有和它所在的类名完全一样的名字。构造方法定义后，创建对象时就会自动调用它。构造方法没有返回类型，这是因为一个类的构造方法的返回类型就是类本身。

在以前的大部分程序中均定义了构造方法，这些构造方法没有定义其该完成什么工作，也即空的构造方法，如下格式：

```
public className()
{   }
```

也有些程序没有定义构造方法但依然可以创建新的对象，并能正确地运行程序。这是因为如果构造方法省略，Java 会自动调用默认的构造方法（Default Constructor）。默认构造方法格式与我们定义空的构造方法一样。可见默认构造方法没有任何参数，不执行任何操作。若程序中自定义一个没有参数的构造方法，则在创建对象时会调用自定义的构造方法，而不会调用默认的构造方法。

注意：实际上，默认的构造方法的功能是调用此类的父类中不带参数的那个构造方法，如果父类中不存在这样的构造方法，编译时就会产生错误信息，如辅助示例 4-4 所示。

[辅助示例 4-3] 表示点的 Point 类定义。

```
package ch04.part1;

public class Point {
    int x,y;
    Point(int x,int y){
        this.x=x;
        this.y=y;
    }
}
```

[辅助示例 4-4] 表示线的 Line 类定义，其继承了 Point 类。

```
package ch04.part1;

import ch04.part1.Point;
// 编译时将会产生出错信息，因 Point 类中没有定义 Point()构造方法
public class Line extends Point{
    public static void main(String[] args){
        new Line();
    }
}
```

[辅助示例 4-5] 定义字母游戏中的字母类。该类要能描述字母的名称、所在坐标位置、运动速度等，并提供获取字母、打印字母的方法。

```
package ch04.part1;
/**
 * 字母类，定义了字母所在坐标、下落速度和字母值
 */
class TestChar{
    int x;
    int y;
    int speed;
    String value;
    public TestChar(int x, int y, int speed, String value){
        this.x = x;
        this.y = y;
        this.speed = speed;
        this.value = value;
    }
    // 获得字母对象的字符
    public char getChar(){
        return this.value.charAt(0);
    }
    public void printInfo(){
        System.out.println(this.getChar());
```

}
        }
代码解析：用变量 x、y 代表坐标位置、speed 表示字母运动速度、value 表示具体的字母的值，并定义了带有四个参数的构造方法，用 getChar()方法来获取当前的字母。

3. this

在编写类时，有时需要引用此类的方法或变量，Java 通过 this 来实现此功能。this 代表了当前对象的一个引用，可将其看作是对象的另一个名字，通过 this 可以在任何方法中引用当前的对象。

this 的使用方式可归结为以下几种：

（1）用于访问当前对象的成员变量。this.成员变量，如引导任务 4-1 中的语句：
    this. vegID = vegID;
（2）用于访问当前对象的成员方法。this.成员方法，如辅助示例 4-5 中的语句：
    this. getChar();
（3）用于引用同一个类中的构造方法。this(参数)，如辅助示例 4-6 中的语句：
    this (name,age);

[辅助示例 4-6] 本示例定义了一个表示职员的 Person 类，用于说明 this 对象的使用。

```
package ch04.part1;

public class Person {
    String name,department;
    int age;
    public Person(String name){
        this.name=name;
    }
    public Person(String name,int age){
        this(name);
        this.age=age;
    }
    public Person(String name,int age,String department){
        this(name,age);
        this.department=department;
    }
    public void printInfo(){
        System.out.println("The name is:"+this.name);
        System.out.println("The department is:"+this.department);
        System.out.println("The age is:"+this.age);
    }
    public void printPerson(){
        System.out.println("The person information:");
        this.printInfo();
    }
    public static void main(String[] args){
        Person p=new Person("黄日胜",30,"计算机");
```

```
        p.printPerson();
    }
}
```

4. 方法重载

在 Java 中，同一个类中可以有两个或两个以上的方法用同一个名字，只要它们的参数声明或返回值类型不同，该方法就被称为重载（Overloaded）。这个过程称为方法重载（Method Overloading）。方法重载是 Java 实现多态性的一种方式。在引导任务 4-1 中，有两个一样名字的方法 TestVegtable，该方法一个带参数，一个不带参数，这就是一种方法重载。

当调用一个重载方法时，Java 虚拟机将自动根据当前对方法的调用形式重载类的定义中匹配形式符合的成员方法，匹配成功后，执行参数、数量、返回值相同的成员方法。

在方法重载中，成员方法、构造方法都可以进行重载。分别见辅助示例 4-2 和 4-6 所示。

[辅助示例 4-7] 测试成员方法重载的 OverloadDemo 的类定义。

```
package ch04.part1;

public class OverloadDemo {
//两个整数的排序方法
    public String sort(int a,int b){
        if(a>b)return a+" "+b;
        else return b+" "+a;
    }
//两个浮点数的排序方法
    public String sort(double a,double b){
        if(a>b)return a+" "+b;
        else return b+" "+a;
    }
//多个整数的排序方法
    public String sort(int arr[]){
        String s="";
        int swap;

        for(int i=0;i<arr.length;i++){
            for(int j=0;j<arr.length-1;j++){
                if(arr[j]>arr[j+1]){
                    swap=arr[j];
                    arr[j]=arr[j+1];
                    arr[j+1]=swap;
                }
            }
        }

        for(int i=0;i<arr.length;i++)s=s+arr[i]+" ";
        return s;
    }
    public static void main(String args[]) {
```

```
            OverloadDemo od= new OverloadDemo();
                int a=30,b=12;
                 double x=30.1,y=54.7;
            int[] arr={34,8,12,67,44,95,52,23,16,16};
            System.out.println("两个整数的排序结果："+od.sort(a,b));
            System.out.println("整数数组的排序结果："+od.sort(arr));
            System.out.println("两个浮点数的排序结果："+od.sort(x,y));
    }
  }
```

在辅助示例 4-7 中，定义了三个方法 sort，分别是两个整数的排序方法、两个浮点数的排序方法、多个整数的排序方法。

5．内部类

内部类是指在某个类的内部嵌套定义的一个类，内部类可以在一个语句块的内部定义，也可以是其他类的成员，还可以在一个表达式内部匿名定义，其定义格式如下：

```
class 外部类{
    class 内部类{
    }
}
```

说明：

（1）内部类不能与包含它的类名相同。内部类可以声明为 private 和 protected，还可以定义为 abstract。

（2）一个内部类的对象能够访问创建它的外部类对象的所有属性及方法（包括私有部分），也可以使用内部类所在方法的局部变量。

[辅助示例 4-8] 内部类的 InnerDemo1 的类定义。

```
package ch04.part1;

public class InnerDemo1 {
    private String info = "Java,I love you!";
    class Inner{
        public void printInfo(){
            System.out.println(info) ;
        }
    }
    public static void main(String args[]){
        InnerDemo1 outDemo = new InnerDemo1() ;
// 内部类的使用格式：外部类.内部类 内部类对象 = 外部类实例.内部类实例
        InnerDemo1.Inner inDemo = outDemo.new Inner() ;
        inDemo.printInfo() ;
    }
}
```

[辅助示例 4-9] 内部类的 InnerDemo2 的类定义。

```
package ch04.part1;

public class InnerDemo2 {
```

```
        private String info = "Java,I love you!";
    // 如果想让方法中定义的内部类，访问此参数，则此参数前加一个 final 修饰符
        public void test(final double temp){
    // 直接在方法中定义内部类
            class Inner{
                public void printInfo(){
    // 此处，方法中定义的内部类可以直接访问外部类中定义的属性及相应的方法参数
                    System.out.println(info);
                    System.out.println(temp);
                }
            }
            new Inner().printInfo();
        }
        public static void main(String args[]){
            new InnerDemo2().test(3.14);
        }
    }
```

内部类生成之后是*.class 文件，如 InnerDemo $Inner.class。通过使用内部类虽然可以大大节省编译后产生的字节码文件的大小，但是内部类的使用会造成代码形式混乱，初学者在使用时要特别注意。

4.2.5 训练任务

完成引导任务 4-1 的程序设计与调试工作，具体内容见引导任务 4-1。

4.3 [引导任务 4–2] 为菜品类添加主方法

4.3.1 任务目标与要求

- 任务目标：能完成类的实例化。
- 设计要求：通过 TestVegtable 类的对象来获取某一种菜品的名称、编号、单价，并使其能输出某种菜品的名称、编号、单价。

4.3.2 实施过程

（1）在项目 repast 中新建包 ch04.part2，在该包中创建类 TestVegMain，并为该类添加如下代码。

```
package ch04.part2;

import ch04.part1.TestVegtable;

/**
 *
 * @author huang
 */
```

```
public class TestVegMain {
    public static void main(String args[]){
        TestVegtable testVegtable=new TestVegtable();
        testVegtable.setVegID(1);
        testVegtable.setVegName("小炒鱼");
        testVegtable.setVegPrice(12.0);
        System.out.println("菜的编号:"+ testVegtable.getVegID());
        System.out.println("菜的名称:"+ testVegtable.getVegName());
        System.out.println("菜的价格:"+ testVegtable.getVegPrice());
    }
}
```

（2）最后保存、编译程序，程序运行结果如图 4-1 所示。

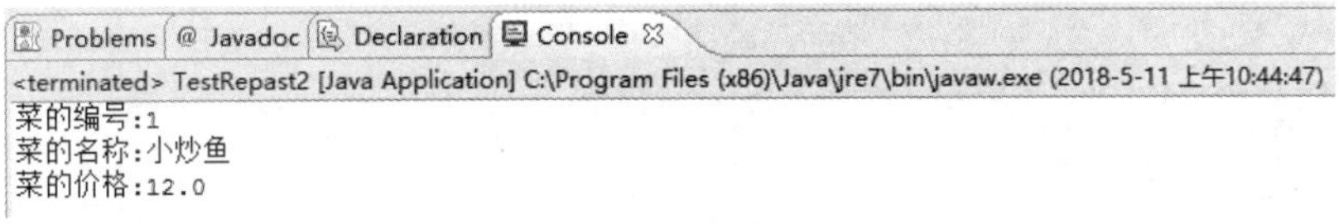

图 4-1　引导任务 4-2 运行结果

在 main 方法中创建了一个 TestVegtable 的对象 testVegtable，并通过该对象相应的 get 方法和 set 方法完成相关内容的存取。

4.3.3　知识解析

1. 对象的创建

其实，将类进行实例化就产生了一个对象。对象是在程序执行过程中由其所属的类动态生成的，一个类可以生成多个不同的对象。将类实例化就生成对象，并通过消息激活指定的某个类对象的方法以改变其状态或产生一定的行为，从而完成某一任务。

Java 语言中用创建实例对象的操作符 new 来创建对象。其格式如下：

<类名> <对象名>=<new> <类构造方法>

说明：

（1）类是对象的类型名。

（2）要求对象名称是合法标识符。

（3）new 运算符为新生成的类对象分配到内存空间，使得具体类的定义有实际的物理表示。

（4）类构造方法可以是系统默认的构造方法，也可以是用户自定义的，生成对象时是通过执行构造方法来进行初始化的。

如引导任务 4-2 中的语句：

TestVegtable testVegtable=new TestVegtable();

2. 对象的使用

对象必须在实例化之后才能够使用，这一点与前面所说的变量一样。其实，变量也可看作是一种特殊数据类型的对象。当对象实例化之后，就可以用点操作符"."来完成对类成员变量和成员方法的访问操作。对类成员的访问一般形式为：

<对象名>.<对象所属类中的可访问成员>

修改辅助示例 4-5，为字母类添加主方法，应用字母对象完成相关测试。在 Eclipse 中打开类 TestChar，并为该类添加如下代码，最后保存、编译。

```
public static void main(String args[]){
    TestChar testChar01 =new TestChar(1,2,1,"dbc");
    System.out.println(testChar01.hashCode());
    System.out.println(testChar01.getChar());
    System.out.println(testChar01.equals("d"));
    TestChar testChar02 =new TestChar (1,2,1,"dab");
    System.out.println(testChar02.hashCode());
    System.out.println(testChar02.equals(testChar01));
}
```

程序运行结果如图 4-2 所示。

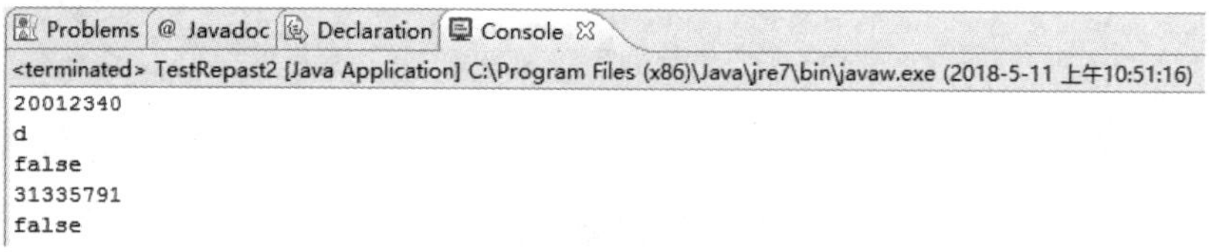

图 4-2　程序运行结果

代码解析：在 main 方法中创建了类 TestChar 的对象 testChar01 和 testChar02，并通过这两个对象相应的方法完成相关内容的存取。

说明：

（1）对象名必须先声明，后使用。

（2）对象所访问的类成员必须是类定义中所允许的，即必须有相应的成员访问权限（详见下述访问控制部分）。

3. 访问控制

在讲述类的成员变量和成员方法时，都具有相应的访问控制修饰符。Java 规定可以选择四种访问方式：public、private、protected 和 friendly。它们的具体含义见表 4-1。

表 4-1　成员变量（方法）的访问控制修饰符

修饰符	含义
private	private 修饰的变量（方法）为私有变量（方法），只能被声明它的类所使用，其他任何类（包括子类）中的方法都不能访问此变量（方法）
default	default 是默认变量（方法）修饰符，在同一个包中的其他类可以访问此变量（方法），而其他包中的类不能访问。注意：在程序中不用写出，默认情况即是该修饰符
protected	protected 修饰的变量（方法）为受保护变量（方法），指定该变量（方法）可以被它所在类、其子类及同一个包中访问，在子类中可以覆盖此变量（方法）
public	public 修饰的变量（方法）为公共变量（方法），指定该变量（方法）可以被任何对象访问

被访问控制修饰符修饰后的成员变量或方法所具有的访问权限详见表 4-2（其中"√"表示可以访问，"×"表示不可以访问）。

表 4-2　Java 类成员变量（方法）的访问权限

修饰符	private	default	protected	public
同一个类	√	√	√	√
同一包中的类	×	√	√	√
该类的子类（不同包）	×	×	√	√
其他包中的类	×	×	×	√

下面是几个简单的辅助示例。

（1）同一个类

[辅助示例 4-10] 本示例定义了一个名为 ControlDemo1 的类。

```
package ch04.part2;

public class ControlDemo1 {
    void TestDef(){
      System.out.println("This is default.");
    }
    private void TestPri(){
      System.out.println("This is private.");
    }
    protected void TestPro(){
      System.out.println("This is protected.");
    }
    public void TestPub(){
      System.out.println("This is public.");
    }
    public static void main(String[] agrs){
      ControlDemo1 cd=new ControlDemo1();
      cd.TestDef();
      cd.TestPri();
      cd.TestPro();
      cd.TestPub();
    }
}
```

通过辅助示例 4-10 可以知道，在同一类中，这四个方法都是可以被相应的对象访问的。

（2）同一包中的两个类

[辅助示例 4-11] 本示例定义了 ControlDemo2 和 ControlDemo3 两个类。

```
package ch04.TestCon;

public class ControlDemo2 {
    void TestDef(){
      System.out.println("This is default.");
    }
    private void TestPri(){
```

```
            System.out.println("This is private.");
        }
        protected void TestPro(){
            System.out.println("This is protected.");
        }
        public void TestPub(){
            System.out.println("This is public.");
        }
    }

        package ch04.TestCon;

        public class ControlDemo3 {
            public static void main(String[] agrs){
              ControlDemo2 cd=new ControlDemo2();
              cd.TestDef();
              cd.TestPri();         //编译的时候会提示错误，私有方法，不能访问
              cd.TestPro();
              cd.TestPub();
            }
        }
```

通过辅助示例 4-11 可以知道，在同一包中，private 的方法不能被相应的对象访问。

（3）在相同包中子类继续父类

[辅助示例 4-12] 例中定义了 ControlDemo4 类，它继承了类 ControlDemo1，且处于同一个包中。

```
        package ch04.TestCon;

        import ch03.ControlDemo1;
        public class ControlDemo4 extends ControlDemo1{
            public static void main(String[] agrs){
              ControlDemo4 cd=new ControlDemo4();
              cd.TestDef();         //编译的时候会提示错误，不能访问
              cd.TestPri();         //编译的时候会提示错误，不能访问
              cd.TestPro();
              cd.TestPub();
            }
        }
```

通过辅助示例 4-12 可以知道：在同一包中子类继承父类，默认的方法和私有的方法是不能被相应的对象访问的。

（4）在不同包中子类继承父类

[辅助示例 4-13] 例中定义了 ControlDemo5 类，它使用了类 ControlDemo1。

```
        package ch04.TestCon;

        import ch04.ControlDemo1;
        public class ControlDemo5 extends ControlDemo1{
```

```
        public static void main(String[] agrs){
         ControlDemo1 cd=new ControlDemo1();
         cd.TestDef();        //编译的时候会提示错误，不能访问
         cd.TestPri();        //编译的时候会提示错误，不能访问
         cd.TestPro();        //编译的时候会提示错误，不能访问
         cd.TestPub();
        }
     }
```

通过辅助示例 4-13 可以知道：类 ControlDemo5 在包 ch04.TestCon 中，类 ControlDemo1 在包 ch04.part2 中。两个类在不同的包中，不能访问其默认的方法、私有的方法以及受保护的方法。所以，在不同的包中，类的默认的方法、私有的方法以及受保护的方法都是不能被相应的对象访问的。

4．Java 的垃圾回收

在 Java 程序的生命周期中，Java 运行环境提供了一个系统的垃圾回收器线程，负责自动回收那些没有引用与之相连对象所占用的内存，这种内存回收的过程就叫垃圾回收。

垃圾回收机制有如下两个好处：

（1）把程序员从复杂的内存追踪、监测、释放等工作中解放出来。

（2）防止了系统内存被非法释放，从而使系统更加稳定。

垃圾回收具有以下特点：

（1）只有当一个对象不被任何引用类型的变量使用时，它的内存才可能被垃圾回收。

（2）不能通过程序强迫回收垃圾立即执行。垃圾回收器负责释放没有引用与之关联的对象所占用的内存，但是回收的时间对程序员是透明的。在任何时候，程序员都不能通过程序强迫垃圾回收立即执行，但可以调用 System.gc()或者 Runtime.gc 方法提示垃圾回收器进行内存回收操作。即便如此，也不能保证调用该方法后，垃圾回收线程立即执行。

（3）当垃圾回收器将要释放无用对象的内存时，先调用该对象的 finalize()方法。Java 利用 finalize()方法撤销无用对象。finalize()方法包含在 java.lang.Object 包中。因此，任何类型都可以覆盖 finalize()方法，在这个方法中进行对象所占相关资源的释放操作。例如，如果在某个类中打开了某个文件，则可以在该类的 finalize()方法中关闭该文件。finalize()方法只能在 Java 垃圾收集之前调用。当一个对象超过作用域时，就不能调用 finalize()方法。

5．static

在类的定义中，其成员变量和成员方法如果用 static 修饰，那么该变量或方法就称为静态变量或方法，相反没有 static 修饰的变量或方法就称为非静态变量或方法。这种由 static 修饰的变量或方法不需要实例化就可以使用，是类固有的，可以直接由类引用，且只有一个备份，它被所有对象共享。其使用格式是：

　　　　类名.变量名或方法名

说明：

（1）类的静态变量或方法在使用上与非静态变量或方法有明显不同。类的静态变量或方法只要类存在就可被使用，是被所有该类的对象共享的，表现在内存中只有一个存储位置；而非静态变量或方法仅仅被声明，只有等到生成实例对象后才能被引用，表现在内存中是每一个类的对象都具有这些变量或方法的一个存储空间。

（2）类的静态方法不能访问非静态变量或方法，非静态方法能访问静态变量或方法；再者，在静态方法内部也不能使用 this 关键字，因为 this 是代表调用该方法的对象，所以不能存在静态方法中。

（3）内部类如果被声明为 static，则为静态内容类。静态内部类可以有静态成员，而非静态内部类则不能有静态成员；静态内部类的非静态成员可以访问外部类的静态变量，而不可访问外部类的非静态变量；非静态内部类的非静态成员可以访问外部类的非静态变量。

[辅助示例 4-14] 本例定义了一个包含静态成员与静态方法的类，类名为 StaticDemo。

```
package ch04.part2;

public class StaticDemo {
    static int a;           //静态成员变量
    int b;                  //非静态成员变量
    //非静态成员方法
    public int getA(){
        return a;
    }
    //静态成员方法
    public static void setA(int a){
        this(a);            //出错，静态成员方法中不能用 this
        this.a=a;           //出错，静态成员方法中不能用 this
    }
    //静态成员方法
    public static void setB(){
        int x=getA();       //出错，静态成员方法不能访问非静态成员方法
        b=x;                //出错，静态成员方法不能访问非静态成员变量
    }
    //构造方法
    public StaticDemo(int a){
        this.a = a;
    }
    public static void main(String args[])
    {
        StaticDemo.a=1;
        StaticDemo.b=1;     //出错，非静态成员变量要在实例化后才能访问
        StaticDemo.a ++;
        System.out.println("类访问静态成员变量 a="+ StaticDemo.a);
        StaticDemo test1=new StaticDemo(10);
        System.out.println("类访问静态成员变量 a="+ StaticDemo.a);
        System.out.println("对象访问 1 静态成员变量 a="+ test1.a);
        StaticDemo test2=new StaticDemo(100);
        test1.a ++;
        test2.a ++;
        System.out.println("类访问静态成员变量 a="+ StaticDemo.a);
        System.out.println("对象访问 1 静态成员变量 a="+ test1.a);
```

            System.out.println("对象访问 2 静态成员变量 a="+ test2.a);
        }
    }

4.3.4 对象的比较

在 Java 中我们可以有两种方法来比较两个对象是否相等：一是用"=="运算符；二是用 equals 方法。用法说明如下：

（1）如果是基本类型比较，那么只能用"=="来比较，即比较基本数据类型的值。

（2）如果是对象，则"=="和 equals 比较的都是对象内存中的首地址（即引用的对象是否为同一个对象）。

（3）对于基本类型的包装类型，如 boolean、character、byte、short、integer、long、float、double 等的引用变量，"=="是比较地址的，而 equals 是比较内容的。

[辅助示例 4-15] ComDemo 类定义。

```
package ch04.part2;

public class ComDemo {
    public ComDemo(int m){
        System.out.println(m);
    }
    public static void main(String[] args) {
        int flag1=100;
        int flag2=100;
        System.out.println("flag1==flag2:"+(flag1==flag2));          //true

        ComDemo test1=new ComDemo(100);
        ComDemo test2=new ComDemo(100);
        System.out.println("test1.equals(test2):"+test1.equals(test2));     //false
        System.out.println("test1==test2:"+(test1==test2));                 //false
        test1=test2;                        //使二者指向一样的内存单元
        System.out.println("test1=test2 之后");
        System.out.println("test1.equals(test2):"+test1.equals(test2));     //true
        System.out.println("test1==test2:"+(test1==test2));                 //true

        String str1="abc";
        String str2=new String("abc");
        System.out.println("str1.equals(str2):"+str1.equals(str2));         //true
        System.out.println("str1==str2:"+(str1==str2));                     //false
        Integer flag3=new Integer(10);
        Integer flag4=new Integer(10);
        System.out.println("flag3==flag4:"+(flag3==flag4));                 //false
        System.out.println("flag3.equals(flag4):"+flag3.equals(flag4));     //true
    }
}
```

4.3.5 训练任务

完成引导任务 4-2 的程序设计与调试工作，具体内容请见引导任务 4-2。

4.4 [引导任务 4-3] 实现餐饮管理系统消费结算功能

4.4.1 任务目标与要求

- 任务目标：学会使用类的继承与多态性。
- 设计要求：当消费结算时，可不打折直接结算，也可以按会员 85 折进行结算、非会员 95 折进行结算。现要求用继承来实现多种结算方式。

4.4.2 实施过程

（1）在项目 repast 中新建包 ch04.part3，在该包中新建一个类 TestExtendsP，并为该类添加如下代码，最后保存、编译。

```
package ch04.part3;

/**
 * 消费单基类
 */
public class TestExtendsP{
    private int vegID=0;
    private double vegPrice=0;
    private static double total=0;
    public TestExtendsP (){

    }
    public double Total(){
        total=total+vegPrice;
        return total;
    }
}
```

（2）在 ch04.part3 包中新建一个类 TestExtMem，并为该类添加如下代码，最后保存、编译。

```
package ch04.part3;

/**
 * 继承消费清单类,消费结算按非会员进行
 */
public class TestExtMem extends TestExtendsP {
    public TestExtMem (){
        super();
    }
```

```
        public double Total(){
            System.out.println("非会员消费 95 折："+super.Total()*0.95);
            return super.Total()*0.95;
        }
    }
```

（3）在 ch04.part3 包中新建一个类 TestExt，并为该类添加如下代码，最后保存、编译。

```
package ch04.part3;

/**
 * 继承消费清单类,消费结算按会员进行
 */
public class TestExt extends TestExtendsP {
    public TestExt (){
        super();
    }
    public double Total(){
        System.out.println("会员消费 85 折："+super.Total()*0.85);
        return super.Total()*0.85;
    }
}
```

本任务定义了三个类：TestExtendsP、TestExtMem、TestExt。在类 TestExtendsP 中定义了一个不打折的结算方法；在类 TestExtMem 中定义了一个打 95 折的结算方法；在类 TestExt 中定义了一个打 85 折的结算方法。类 TestExt 和 TestExtMem 使用继承的方式完成了打折运算。

4.4.3 知识解析

1. 继承

继承是面向对象程序设计的一个重要特征，它是通过继承原有的类而派生出新的类。被继承的类称为父类，派生出新的类为子类。子类继承父类的成员变量和成员方法，同时可以修改父类的变量或重写父类的方法，并可以添加新的变量和方法。

通过继承可以实现代码的复用，使程序组织层次更清晰，减少开发周期。

在 Java 语言中，有一个称为 Object 的特殊类，所有的类都是直接或间接地继承 Object 类。

类的继承是通过在类的定义过程中用关键字 extends 来说明的。下述辅助示例 4-16 继承了辅助示例 4-3 表示点的 Point 类定义。

[辅助示例 4-16] 继承点 Point 类。

```
package ch04.part3;

public class ColorPoint extends Point{
    int color;
    public void draw(){
        System.out.println("a color Point!");
    }
}
```

注意：

（1）子类可继承父类中公共（public）类型和保护（protected）类型的成员变量。

（2）如果在父类中定义了没有访问权限约束的变量或方法，则子类可以访问父类中的这些变量和方法。

（3）子类不能继承父类中被声明为私有（private）类型的成员变量。

2. 隐藏与覆盖

在引导任务 4-3 中，类 TestExtendsP、TestExtMem、TestExt 中都有方法 Total()，且类 TestExtMem、TestExt 继承了类 TestExtendsP。在这种情况下，即在类的继承中，当子类的成员变量与父类的成员变量同名时，子类的成员变量会隐藏父类的成员变量；当子类的方法与父类的方法同名，参数列表、返回值类型相同时，子类的方法将覆盖父类的方法；当子类重写的方法由子类的对象调用时，它总是参考在子类中的定义，父类中定义的该方法就被覆盖。方法重写为子类提供了修改父类成员方法的能力。

在子类的定义中要注意成员变量的命名，防止无意中隐藏父类中的成员变量。

在方法重写中，若被重写的方法没有声明抛出异常时，子类的重写方法可以有不同的抛出异常。

再看一个方法重写的辅助示例。

[辅助示例 4-17] 方法重写。

```
package ch04.part3;

class Test1
{
    int a,b;
    void setValue(int a,int b){
        this.a=a;
        this.b=b;
    }
    int Add(){
        return a+b;
    }
}
class Test2 extends Test1
{
    int a,c;
    public Test2(int a,int c){
        this.a=a;
        this.c=c;
    }
    int Add(){
        return a+b+c;
    }
}
public class OverRideDemo
{
```

```java
        public static void main(String args[]){
            Test2 ch1=new Test2(1,2);
                ch1.setValue(3,6);
                int flag=ch1.Add();
                System.out.println("flag="+flag);
        }
    }
```

3. super

子类在隐藏了父类的成员变量或重写了父类的方法以后，有时还要用到父类的成员变量，或为简化代码的编写在重写方法中使用父类中的该方法，这时就要访问父类的成员变量或调用父类的方法。Java 中通过 super 关键字来实现对父类成员变量的访问。

与 this 类似，super 用来引用当前对象的父类，super 的使用见辅助示例 4-18。

[辅助示例 4-18] super 关键字的使用。

```java
package ch04.part3;

class Test1
{
    int a,b;
    public Test1(int a,int b){
        this.a=a;
        this.b=b;
    }
    int Add(){
        return a+b;
    }
}
class Test2 extends Test1
{
    int a,c;
    public Test2(int a, int b,int c){
        super(a,b);
        this.c=c;
    }
    int Add(){
        return super.Add()+c;
    }
}
public class SuperDemo{
    public static void main(String args[]){
        Test2 ch1=new Test2(1,2,3);
            int flag=ch1.Add();
            System.out.println("flag="+flag);
    }
}
```

在辅助示例 4-18 中类 Test2 的构造方法中，用 super(a,b)语句调用类 Test1 的构造方法，在类 Test2 的累加方法 Add()中，用 super.Add()语句调用类 Test1 的累加方法 Add()。

由此，super 可以用来访问父类被子类隐藏的成员变量或被子类重写的成员方法，还可用来调用父类的构造方法。

另外，在 Java 中，如果一个类的构造方法中没有用 super 来调用其父类的构造方法，且放于子类构造方法的句首，则编译器也会默认在构造方法中用 super()语句调用父类的不带参数的构造方法。如果父类中没有不带参数的构造方法，编译时就会出错。

4．抽象类和抽象方法

用 abstract 关键字修饰的类称为抽象类；用 abstract 关键字修饰的类方法称为抽象方法。一个抽象类可含有抽象方法，但抽象方法不能出现在非抽象类中；一个抽象类不一定要有抽象方法，但一个类如果含有抽象方法就一定要声明为抽象类。

抽象类本身不具备实际的功能，只能用于派生子类，而定义为抽象的方法必须在子类中重写，即覆盖原方法。也就是说，如果一个类被定义为抽象类，则该类不能进行实例化，必须通过覆盖的方式来实现抽象类中的方法。

那么，抽象类又有什么作用呢？

使用抽象类主要是可以定义一个统一的编程接口，使其子类表现出共同的状态和行为。可把它想象为其子类的框架。例如，定义类 Employee 表示所有职工类，然后在 Employee 的基础上派生 Manager、Worker 等类来表示经理、普通工人。因为这里任何一类都属于职工，所有可以先定义出一个基础类，再让其他类继承，这样做可以使类的结构变得清晰，如辅助示例 4-19。

[辅助示例 4-19] 员工抽象类的设计。

```java
package ch04.part3;

abstract class Employee {
    int basic=800;
    abstract int Salary();
    public int getSalary(){
        return Salary();
    }
}
class Manager extends Employee{
    int Salary(){
        return basic*8+4000;
    }
}
class Worker extends Employee{
    int Salary(){
        return basic*6+2000;
    }
}
public class EmployeeDemo{
    public static void main(String[] args){
        Manager m=new Manager();
```

```
            System.out.println("工资为："+m.getSalary());
            Employee e=new Employee();      //出错，不能实例化
        }
    }
```

在辅助示例 4-19 中，Employee 类为抽象类，不能实例化。Manager 类和 Worker 类都实现了 Employee 类中的抽象方法 Salary()，实现了不同级职的职工工资的计算。

在定义抽象方法时应注意其格式，与普通的成员方法的定义不同，其没有定义方法体（包括空方法体），最后用";"结束，格式如下：

　　　　[修饰符] abstract 类型 方法名([参数列表]);

对抽象类和抽象方法的几点说明：

（1）子类继承了一个抽象类，则该子类需用覆盖的方式来实现该抽象父类中的抽象方法。

（2）抽象方法必须在子类中给出具体的实现，若没有实现或没有完全实现抽象方法，则子类还是抽象类。

（3）抽象方法可与 public 和 protected 修饰符复合使用，但不能与 final、private 和 static 复合使用。

5. final 修饰符

修饰符 final 既可修饰类，也可修饰成员变量和成员方法，其用于限制这些被修饰的类、成员变量和成员方法的非继承性，即是最终的一种形式。

如果在类的定义时加上 final 修饰符，则说明该类是最终类，不能被其他类继承，也不能进行实例化，如：

```
        public Final class Employee{
            //class body
        }
```

上面定义类 Employee 为最终类，由此该 Employee 类不能有自己的子类，因此下面的定义是错误的。

```
        Class Manager extends Employee{
            //class body
        }
```

如果你希望你的变量或成员方法不再被子类覆盖，可使用 final 修饰符对成员方法进行修饰，增加了代码的安全性，这意味着将来的实例都依赖这个定义，如：

```
        final void setSalary(){
            //method body
        }
```

如果用 final 来修饰变量，则说明该变量是最终变量，即常量。应采用 final 修饰符对常量进行定义，而且通常常量名用大写字母，如：private final int PI=3.14;

6. 多态性

多态性是面向对象中的一个重要特征，是指用相同的名字来定义方法，其中每个方法的参数类型和返回值类型均不相同。在 Java 中，多态性体现在两个方面：由方法重载实现的静态多态性和方法覆盖实现的动态多态性。

这些内容分别在方法重载和隐藏与覆盖两个知识点中讲述过了，在此就不再细述了。

7. 初始化的过程

构造方法可以进行初始化工作，而类的成员变量本身也能自动进行初始化，那么，在对象生成时，这种初始化过程到底谁先呢？先看辅助示例4-20。

[辅助示例4-20] 初始化示例。

```java
package ch04.part3;

class Duck{
    Duck(){
        System.out.println("嘎嘎！");
    }
}
class Cow{
    Cow(){
        System.out.println("哞哞！");
    }
}
class Dog{
    static Duck b=new Duck();
    Cow b1=new Cow();
    Dog(){
        System.out.println("母狗能汪！");
    }
    Dog(int i){
        System.out.println("母狗汪"+i+"次");
    }
    public void Bark(){
        System.out.println("母狗汪！");
    }
}
public class BeginDemo extends Dog{
    Dog dog1=new Dog(1);
    BeginDemo(){
        System.out.println("子狗汪汪！");
        Dog dog2=new Dog(2);
    }
    static Dog dog3=new Dog(3);
    public static void main(String[] args){
        BeginDemo bd=new BeginDemo();
        bd.Bark();
    }
}
```

运行结果为：

嘎嘎！　　　　//父类静态成员初始化
哞哞！　　　　//生成子类时父类非静态成员自身初始化
母狗汪3次　　//子类静态成员初始化

哼哼！	//子类静态成员初始化触发父类非静态成员初始化
母狗能汪！	//生成子类时触发父类构造立法
哼哼！	//子类生成对象触发父类非静态成员自身初始化
母狗汪 1 次	//子类生成对象触发父类构造方法
子狗汪汪！	//子类构造方法
哼哼！	//子类构造方法初始化时触发父类非静态成员自身初始化
母狗汪 2 次	//子类构造方法初始化时触发父类构造方法
母狗汪！	//子类对象调用父类方法

由此可知，在初始化的过程中，先静态成员；然后是非静态成员；最后是构造方法。若有父类，则父类的相关初始化在子类之前。

4.4.4 训练任务

完成引导任务 4-3 的程序设计与调试工作，具体内容请见引导任务 4-3。

4.5 [引导任务 4-4] 自定义一个用于消费结算的接口

4.5.1 任务目标与要求

- 任务目标：能定义并使用接口。
- 设计要求：该接口能根据不同级别的消费会员给出不同的折扣。

4.5.2 实施过程

（1）在项目 repast 中新建包 ch04.part4，在该包中新建一个类 TestCountInter，并为该接口添加如下代码，最后保存、编译。

```
package ch04.part4;
/**
 *
 * @消费结算
 */
public interface TestCountInter{
    public double Total();
}
```

（2）在 Eclipse 中新建类 CountInterImplOne，并为该类添加如下代码，最后保存、编译。

```
package ch04.part4;

/**
 *
 * @实现接口 TestCountInter
 */
public class CountInterImplOne implements TestCountInter {
    public double Total(){
        return 0.95;
```

　　　　　}
　　　}
（3）在 Eclipse 中新建类 CountInterImplTwo，并为该类添加如下代码，最后保存、编译。
```
package ch04.part4;

/**
 *
 * @实现接口 TestCountInter
 */
public class CountInterImplTwo implements TestCountInter{
    public double Total(){
        return 0.85;
    }
}
```
（4）在 Eclipse 中新建类 CountInterDemo，并为该类添加如下代码，最后保存、编译。
```
package ch04.part4;

/**
 *
 * @应用 TestCountInter 接口
 */
public class CountInterDemo{
    private TestCountInter testCountInter;
    public double total(){
        return testCountInter.Total();
    }
    public void setMember(TestCountInter testCountInter){
        this.testCountInter = testCountInter;
    }
    public static void main(String args[]){
        CountInterDemo countInterDemo=new CountInterDemo();
        countInterDemo.setMember(new CountInterImplOne ());
        System.out.println(countInterDemo.total());
        countInterDemo.setMember(new CountInterImplTwo ());
        System.out.println(countInterDemo.total());
    }
}
```
程序运行结果如图 4-3 所示。

```
Problems  @ Javadoc  Declaration  Console
<terminated> TestRepast2 [Java Application] C:\Program Files (x86)\Java\jre7\bin\javaw.exe (2018-5-11 上午10:53:25)
0.95
0.85
```

图 4-3　程序运行结果

在类 CountInterImplOne 和类 CountInterImplTwo 分别实现了接口 TestCountInter，通过类

CountInterDemo 的对象用接口完成了相关的访问操作。

4.5.3 知识解析

1．接口

目前，已经知道如何通过继承使类的层次更加清晰，以及如何用抽象类将常规操作抽象为继承结构中的较高级别的类，也知道 Java 不支持多继承。但有时希望一个类能包含两个或更多的父类，但又不希望引进多继承的复杂性和低效率，Java 提供了一种特殊类型，那就是接口。

从引导任务 4-4 中可以得出接口的定义形式为：

  public interface 接口名称

更为完整的接口定义形式为：

  [public] interface 接口名称 [extends 父类接口名]
  {
    //接口体
  }

说明：

（1）如果使用了 public，那么该接口能被任意类实现，反之只有与该接口同一个包中的类才可以实现这个接口。即如果没有指明接口的访问类型，则默认只有相同包中的类可以访问该接口的定义。

（2）interface 是定义接口的关键字，接口的名字为合法的 Java 标识符。

（3）extends 表示该接口有父接口。与类的继承不同，一个类只能有一个父类，而一个接口可以有多个父接口，父接口之间用逗号隔开。

（4）接口体包含常量定义。在接口中定义的变量全部隐含为 public、final 和 static，且声明的变量必须设置初值，即接口体中只有常量定义，且任意类可以访问该常量。

（5）接口体中方法定义，默认为 abstract，没有方法体，而且是用逗号结尾，声明的方法具有 public 和 abstract 属性。

（6）如果子接口中定义了与父接口同名的常量或者相同的方法，则父接口中的常量被隐藏，方法被覆盖。

（7）在实现接口时，接口中的所有方法都要实现。

由此，所谓接口，可看作是没有实现的方法和常量的集合。接口与抽象类相似，接口中的方法只做了声明，没有定义任何具体的操作方法。Java 中定义了许多系统接口，如 MouseListener 接口、MouseMotionListener 接口。下面定义一个简单的自定义接口。

[辅助示例 4-21] 自定义接口。

```
interface TestCircle{
    final double PI=3.14;
    void setRadiu(int r);
    int getRadiu();
}
```

在上面的接口定义中，定义的接口名称为 TestCircle；在接口中定义了常量 PI，并且赋予初始值为 3.14；该接口中还定义了 getRadiu()和 setRadiu()两个方法。

2. 接口的实现

在类的定义中用 implement 关键字来实现接口。一个类可以实现一个或多个接口，不同接口之间用逗号分开。在实现接口时，必须实现接口中的所有方法，如引导任务 4-4 中 CountInterImplOne 类的定义所示。

```
public class CountInterImplOne implements TestCountInter{ }
```

以辅助示例 4-21 为例，再看看接口实现的例子。

```
package ch04.part4;

interface TestCircle{
    final double PI=3.14;
    void setRadiu(int r);
    int getRadiu();
}

public class IntfaceDemo implements TestCircle{
    int r=1;
    public void setRadiu(int r){
        this.r=r;
    }
    public int getRadiu(){
        return r;
    }
}
```

4.5.4 训练任务

完成引导任务 4-4 的程序设计与调试工作，具体内容见引导任务 4-4。

4.6 课外习题

一、选择题

1. 定义类头时，不可能用到的关键字是（　　）。
   A）class　　　　B）private　　　　C）extends　　　　D）public
2. 下列类头定义中，错误的是（　　）。
   A）public x extends y {...}
   B）public class x extends y {...}
   C）class x extends y implements y1 {...}
   D）class x {...}
3. 设 A 为已定义的类名，下列声明 A 类的对象 a 的语句中正确的是（　　）。
   A）public A a=new A( );　　　　B）public A a=A( );
   C）A a=new class( );　　　　　　D）a A;
4. 设 i、j 为类 X 中定义的 int 型变量名，下列 X 类的构造方法中不正确的是（　　）。

A）void X(int k){ i=k; }　　　　　B）X(int k){ i=k; }
C）X(int m, int n){ i=m; j=n; }　　D）X( ){i=0;j=0; }

5．有一个类 A，以下为其构造方法的声明，其中正确的是（　　）。
A）public A(int x){...}　　　　　B）static A(int x){...}
C）public a(int x){...}　　　　　D）void A(int x){...}

6．下列方法定义中，正确的是（　　）。
A）int x(int a,b) { return　 (a-b); }
B）double x(int a,int b) { int w;　w=a-b; }
C）double　x(a,b) { return　b;　}
D）int　x(int a,int b) {　return　a-b;　}

7．为了区分类中重载的同名的不同方法，要求（　　）。
A）采用不同的形式参数列表　　　B）返回值类型不同
C）调用时用类名或对象名做前缀　D）参数名不同

8．Java 语言的类间的继承关系是（　　）。
A）多重的　　　B）单重的　　　C）线程的　　　D）不能继承

9．以下关于 Java 语言继承的说法正确的是（　　）。
A）Java 中的类可以有多个直接父类　B）抽象类不能有子类
C）Java 中的接口支持多继承　　　　D）最终类可以作为其他类的父类

10．下列选项中，用于实现接口的关键字是（　　）。
A）interface　　B）implements　　C）abstract　　D）class

11．现有类 A 和接口 B，以下描述中表示类 A 实现接口 B 的语句是（　　）。
A）class　A　implements　B　　B）class　B　implements A
C）class　A　extends　B　　　　D）class　B　extends A

12．下列选项中，定义抽象类的关键字是（　　）。
A）interface　　B）implements　　C）abstract　　D）class

13．下列选项中，定义最终类的关键字是（　　）。
A）interface　　B）implements　　C）abstract　　D）final

14．下列选项中，表示数据或方法只能被本类访问的修饰符是（　　）。
A）public　　　B）protected　　C）private　　　D）final

15．下列选项中，接口中方法的默认可见性修饰符是（　　）。
A）public　　　B）protected　　C）private　　　D）final

16．下列选项中，表示终极方法的修饰符是（　　）。
A）interface　　B）final　　　　C）abstract　　D）implements

17．如果子类中的方法 mymethod()覆盖了父类中的方法 mymethod()，假设父类方法头部定义如下：void mymethod(int a)，则子类方法的定义不合法的是（　　）。
A）public void mymethod(int a)　　B）protected void mymethod(int a)
C）private void mymethod(int a)　　D）void mymethod(int a)

18．在某个类中存在一个方法：void getSort(int x)，以下能作为这个方法的重载声明的是（　　）。

A）public getSort(float x)　　　　B）int getSort(int y)

C）double getSort(int x,int y)　　D）void get(int x,int y)

19. 下列关于内部类的说法不正确的是（　　）。

A）内部类的类名只能在定义它的类或程序段中或在表达式内部匿名使用

B）内部类可以使用它所在类的静态成员变量和实例成员变量

C）内部类不可以用 abstract 修饰符定义为抽象类

D）内部类可作为其他类的成员，而且可访问它所在类的成员

20. 下列关于继承的哪项叙述是正确的（　　）。

A）在 Java 中允许多重继承

B）在 Java 中一个类只能实现一个接口

C）在 Java 中一个类不能同时继承一个类和实现一个接口

D）Java 的单一继承使代码更可靠

21. 下列关于构造方法的叙述中，错误的是（　　）。

A）Java 语言规定构造方法名与类名必须相同

B）Java 语言规定构造方法没有返回值，但不用 void 声明

C）Java 语言规定构造方法不可以重载

D）Java 语言规定构造方法只能通过 new 自动调用

22. 在面向对象方法中，实现信息隐蔽是依靠（　　）。

A）对象的继承　　B）对象的多态　　C）对象的封装　　D）对象的分类

23. 内部类不可直接使用外部类的成员是（　　）。

A）静态成员　　　　　　　　B）实例成员

C）方法内定义　　　　　　　D）以上 A、B、C 都不是

24. 接口中，除了抽象方法之外，还可以含有（　　）。

A）变量　　　B）常量　　　C）成员方法　　　D）构造方法

25. 下列关于 Java 的说法正确的是（　　）。

A）Java 中的类可以有多个直接父类

B）抽象类不能有子类

C）最终类可以作为其他类的父类

D）Java 中接口支持多继承

二、操作题

1. 假设有一个类 Student，它包含：

属性：

　　学号，姓名，性别，年龄，政治面貌，所在班级

方法：

　　上课，运动，休息

请编写一段 Java 程序，声明并定义这个类。

2. 编写一个学生和教师信息输入和显示程序，学生信息有学号、姓名、性别、年龄、政治面貌和所在班级，教师信息有工号、姓名、性别、年龄、学历、职称、政治面貌和所在

部门。要求将学（工）号、姓名、性别、年龄和政治面貌输入和显示设计成一个类 Person，并作为学生类 Student 和教师类 Teacher 的基类。

3．定义一个接口 Attend_Class，描述上课的方法 public void attend_class();分别定义学生类和教师类，实现 Attend_Class 接口，分别为"学生听课"和"教师授课"。

定义一个测试类，测试学生和教师。在 main 方法中创建学生对象和教师对象，再定义一个 classes_Begin ()方法，开始上课，并在 main 方法中调用该方法，让教师开始授课、学生开始听课。

单元 5　利用数组与类库构建程序

利用数组能有效地完成同类型批量数据的临时组织与存储；有效地利用 Java 类库能加快应用程序的开发速度。本单元分四个学习阶段，数组、Java 集合框架、字符串和文件操作与异常。

1. 工作任务
（1）用数组来存取菜谱。
（2）利用 Vector 暂存点菜数据。
（3）利用 LinkedList 暂存蛇体数据。
（4）获取并过滤打印点菜单输出文件。
（5）输出点菜单信息到文件中。
2. 学习目标
（1）学会使用数组。
（2）学会使用集合类。
（3）学会使用字符串类的相关方法。
（4）学会使用输入输出流类。
（5）学会使用异常类。

5.1　[引导任务 5-1] 用数组来存取菜谱

5.1.1　任务目标与要求

- 任务目标：学会数组的使用方法。
- 设计要求：结合循环结构从键盘依次输入菜品的信息，通过数组来存取数据并整体输出。

5.1.2　实施过程

在 Eclipse 中打开项目 repast，在该项目中新建一个包 ch05.array，然后在 ch05.array 包中新建一个类 ArrayVeg，并为该类添加如下代码，最后保存、编译及运行程序，程序运行结果如图 5-1 所示。

```
package ch05.array;

import java.util.Scanner;
public class ArrayVeg{
    public static void main(String[] args){
        String[] vegflag={"菜编号","菜名称","菜单价"};     //一维数组
        String[][] veginfo;                                //二维数组
```

```
Scanner sc=new Scanner(System.in);
System.out.println("请输入菜数量:");
int m=sc.nextInt();
veginfo=new String[m][3];                    //定义数组，m 行 3 列
for(int i=0;i<m;i++)veginfo[i][0]=""+(i+1);  //设置菜编号
for(int i=0;i<m;i++)
    for(int j=1;j<3;j++){
        if(j==1)System.out.println("请输入菜名：");
        if(j==2)System.out.println("请输入菜单价：");
        veginfo[i][j]=sc.next();             //手动录入菜名或单价
    }
System.out.println();                        //换行
System.out.println("您好，你输入的菜薄如下：");
for(int i=0;i<3;i++)System.out.print(vegflag[i]+"     ");
System.out.println();
for(int i=0;i<m;i++){                        //循环输出菜薄
    for(int j=0;j<3;j++){
        System.out.print("   "+veginfo[i][j]+"        ");
    }
    System.out.println();
}
}
}
```

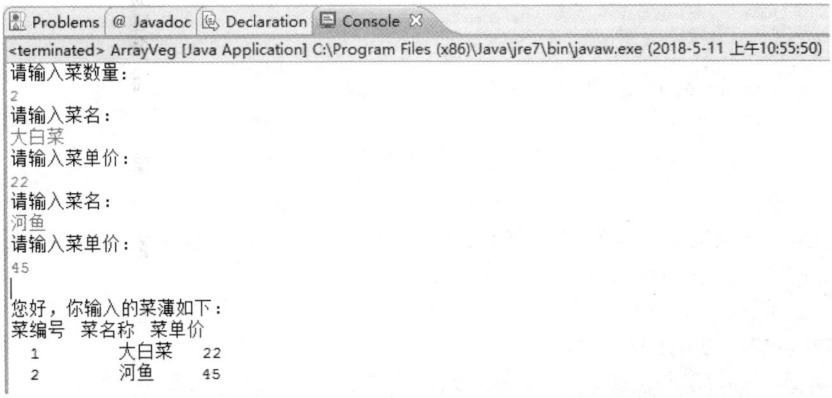

图 5-1　程序运行结果

通过 for 循环语句来操纵数组，完成数组数据的存取操作。

5.1.3　知识解析

1．一维数组

数组是有序数据的集合。数组中的每个元素具有相同的数组名，根据数组名和下标来确定数组中的元素。数组有一维数组和多维数组，使用时要先声明后创建。

一维数组的声明格式有两种：

（1）数据类型 数组名[ ]；
（2）数据类型[ ] 数组名；
例如：
    int arr1[ ]；
    char[ ] arr2；

Java 在数组定义中并不为数组分配内存，因此，"[ ]"中不需指出数组中元素的个数即数组长度。而且，如上定义的数组暂时还不能被访问。在内存的分配上，可采用以下方式。

（1）用运算符 new 分配内存再赋值，其格式：
    数组名=new 数据类型[size]；

其中 size 指明数组的长度，数组下标取值为 0～size-1。例如：
    arr1[ ]=new int[3]；
    arr2[ ]=new char[5]；

（2）直接赋初值并定义数组大小（如引导任务 5-1 中的 vegflag 数组），例如：
    int a[ ]={1,2,3,4,5,6,7,8,9,0}；
    char c[ ]={'a', 'b', 'c', 'l'}；

示例：自动生成 10 个员工的工号（初始号为 201001），并按降序输出。

```
...
int no[]=new int[10];
int i=201001;
int j=0;
while(j<10){
    no[j]=i+j;
    j++;
}
for(j=9;j<=0;j--){
    System.out.println(no[j]);
}
...
```

2. 二维数组

二维数组的定义格式与一维数组类似（如引导任务 5-1 中的 veginfo 数组），例如：
    int arr1[ ][ ]=new int[3][4]；
    int arr2[ ][ ]=new int[3][ ]；
    int arr3[ ][ ]={{0,1,2},{3,4,5},{6,7,8}}；

示例：自动生成 10 个员工的工号（初始号为 201001），并为每个员工增加姓名。

```
...
int no[][]=new int[10][2];
int i=201001;
int j=0;
while(j<10){
    no[j][0]=i+j;
    j++;
}
Scanner input=new Scanner(System.in);
for(i=0;i<=9;i++){
```

```
        System.out.println("输入"+no[j][0]+"号员工的姓名：");
        no[j][1]=input.next();
    }
    ...
```

5.1.4 训练任务

完成引导任务 5-1 的程序设计与调试工作，具体内容请见引导任务 5-1。

编写用数组保存某个学生的三门课程成绩的程序。参考程序如下，但该参考程序有误，请读者调试改正。

```
public class StuScore{
    public static void main(String args[]){
      score[]=new int[3];
      score[1]=90;
      score[2]=80;
      score[3]=70;
      for(int i=0;i<=3;i++)
         System.out.println("成绩"+(i+1)+ ":"+score[i];
    }
```

5.2 [引导任务 5-2] 利用 Vector 暂存点菜数据

5.2.1 任务目标与要求

- 任务目标：能使用 Vector 类。
- 设计要求：能将顾客点到的每一种菜品临时存入 Vector 对象中，并将存储内容输出到界面（对此程序改进后即可将数据存入数据库中）。

5.2.2 实施过程

（1）在 Eclipse 中打开项目 repast，在该项目中新建一个包 ch05.set，再在该包中新建一个类 testVector，然后编写相关程序，内容如下：

```
package ch05.set;

import java.util.Vector;

/**
 *
 * @author huang
 */
public class testVector {
    public static void main(String args[]){
        Vector addveg=new Vector();
        VegSelBean   vsbean=new VegSelBean();
        vsbean.setSelid(101);
```

```
            vsbean.setVegid("10021");
            vsbean.setSel_num(2);
            addveg.add(vsbean);
            vsbean=new VegSelBean();
            vsbean.setSelid(101);
            vsbean.setVegid("10213");
            vsbean.setSel_num(1);
            addveg.add(vsbean);
            for(int i=0;i<addveg.size();i++){
                    VegSelBean vsbeaninfo=(VegSelBean)addveg.elementAt(i);
                    System.out.println("点单编号："+vsbeaninfo.getSelid());
                    System.out.println("菜品编号："+vsbeaninfo.getVegid());
                    System.out.println("数量："+vsbeaninfo.getSel_num());
            }
        }
    }
```

（2）单击运行该程序，运行结果如图 5-2 所示。

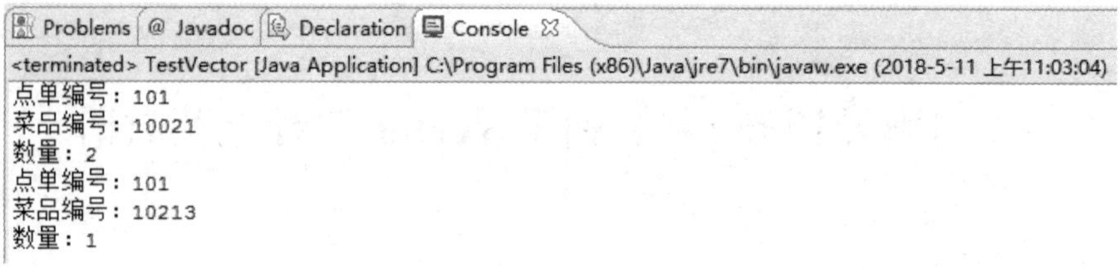

```
Problems  @ Javadoc  Declaration  Console 
<terminated> TestVector [Java Application] C:\Program Files (x86)\Java\jre7\bin\javaw.exe (2018-5-11 上午11:03:04)
点单编号：101
菜品编号：10021
数量：2
点单编号：101
菜品编号：10213
数量：1
```

图 5-2 testVector 类运行结果

5.3 [引导任务 5-3] 利用 LinkedList 暂存蛇体数据

5.3.1 任务目标与要求

- 任务目标：能使用 LinkedList 类。
- 设计要求：能将蛇体信息临时存入 LinkedList 对象中，并将存储内容输出到界面（对此程序改进后即可存储与扫描蛇体信息）。

5.3.2 实施过程

（1）在 ch05.set 包中新建一个类 testLinklist，然后输入相关程序，内容如下：

```
package ch05.set;

import java.util.LinkedList;

/**
 * 
 * @author huang
 */
```

```java
public class testLinklist {
    private LinkedList<String> body = new LinkedList<String>();
    public void addBody(){
        getBody().addFirst("First");
        getBody().addLast("last");
        getBody().add(0, "three");
    }

    public static void main(String args[]){
        testLinklist tl=new testLinklist();
        tl.addBody();
        for(String s:tl.getBody()){
            System.out.println(s);
        }
    }

    /**
     * @return the body
     */
    public LinkedList<String> getBody() {
        return body;
    }
}
```

（2）单击运行该程序，运行结果如图 5-3 所示。

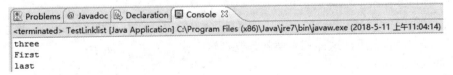

图 5-3　testLinklist 类运行结果

5.3.3　知识解析

1．集合概述

java.util 中共有多个接口/类用于管理集合对象，它们支持集、列表或映射等集合。这些集合接口/类的继承关系由两棵接口树构成，如图 5-4 所示。

第一棵树的根节点为 Collection 接口，它定义了所有集合的基本操作，如添加、删除、遍历等。它的子接口为 Set、List 和 Queue，它们提供了更加特殊的功能。

- Set 接口不包含重复元素。它有一个子接口 SortedSet，SortedSet 中的元素是按大小顺序排列的。
- List 接口保存了元素的位置信息，可以通过位置索引来访问 List 中的元素。
- Queue 接口保证了元素的访问顺序（FIFO 等）。

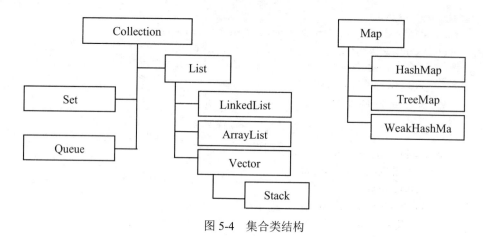

图 5-4 集合类结构

第二棵树根节点为 Map 接口，它保持的是键值对的集合，可以通过键来实现对值元素的快速访问。Map 接口的子接口为 SortedMap，SortedMap 中的键是按照大小顺序排列的。

2．Collection 接口

Collection 是最基本的集合接口，一个 Collection 代表一组 Object，即 Collection 的元素（Elements）。Java SDK 不提供直接继承自 Collection 的类，其提供的类都是继承自 Collection 的子接口，如 List 和 Set。并且所有的接口都是泛型接口，声明形式如下：

    public interface Collection<E>...

当创建一个集合实例时，需要指定放入集合的数据类型。指定集合数据类型使得编译器能检查放入集合的数据类型是否正确，从而减少运行时的错误。

（1）使用 for-each 循环遍历集合

for-each 循环能以一种非常简洁的方式对集合中的元素进行遍历（for-each 不是一个关键字，是每一个 for 的意思，这样写主要就是强调这个格式），如下所示：

    for (Object o : collection)
    System.out.println(o);

（2）使用迭代器 Iterator 遍历集合

迭代器（Iterator）可以用来遍历集合并对集合中的元素进行删除操作。可以通过集合的 iterator 函数获取该集合的迭代器，如下所示：

    Iterator it = collection.iterator(); //获得一个迭代子
    while(it.hasNext()) {
     Object obj = it.next();   //得到下一个元素
     it.remove();   //删除 next()最后一次从集合中访问的元素
    }

（3）Collection 和数组间的转换

数组转化为集合：

    List<String> c = new ArrayList<String>(…);

集合转化为数组：

    Object[] a = c.toArray();

3．List 接口

List 是有序的 Collection，使用此接口能够精确地控制每个元素插入的位置。用户能够使用索引来访问 List 中的元素，这类似于 Java 的数组。在 List 中允许有相同的元素。除了具有 Collection 接口必备的 iterator()方法外，List 还提供一个 listIterator()方法，该方法返回一个 ListIterator 接口。与标准的 Iterator 接口相比，ListIterator 多了一些 add()之类的方法，允许添加、删除、设定元素，还能向前或向后遍历。

实现 List 接口的常用类有 LinkedList、ArrayList、Vector 和 Stack。

（1）LinkedList 类。LinkedList 实现了 List 接口，允许 null 元素。此外，LinkedList 提供额外的 get()、remove()、insert()方法在 LinkedList 的首部或尾部。这些操作使 LinkedList 可被用作堆栈（stack）、队列（queue）或双向队列（deque）。LinkedList 没有同步方法，当有多个线程同时访问一个 List 时，则必须自己实现访问同步。如下示例是在创建 List 时构造一个同步的 List。

    List list = Collections.synchronizedList(new LinkedList(...));

（2）ArrayList 类。ArrayList 类实现了可变大小的数组。它允许包括 null 元素，但每个 ArrayList 实例都有一个容量（Capacity），即用于存储元素的数组的大小。这个容量可随着不断添加新元素而自动增加，也就是说它是个规模可变并且能像链表一样被访问的数组。当需要插入大量元素时，在插入前可以调用 ensureCapacity()方法来增加 ArrayList 的容量以提高插入效率。与 LinkedList 一样，ArrayList 也是非同步的（unsynchronized）。

（3）Vector 类。Vector 类非常类似 ArrayList 类，但是 Vector 是同步的。当一个 Iterator 被创建而且正在被使用，另一个线程改变了 Vector 的状态（例如，添加或删除了一些元素）时，将在调用 Iterator 的方法时抛出异常 ConcurrentModificationException，因此，必须捕获该异常。

（4）Stack 类。Stack 类继承自 Vector 类，并提供五个额外的方法：push()、pop()、peek()、empty()、search()，从而实现了一个后进先出的堆栈。Stack 刚创建时是空栈。

4．Set 接口

Set 是最简单的一种集合。它的对象不按特定方式排序，只是简单地把对象加入集合中，是一种不包含重复元素的 Collection，即任意两个元素 e1 和 e2 都有 e1.equals(e2)=false，Set 最多有一个 null 元素。Set 接口中的函数都是从 Collection 继承而来，但限制了 add()的使用，即不能添加重复元素。集也有多种变体，可以实现排序等功能。如 TreeSet，它把对象添加到集中的操作变为按照某种比较规则将其插入到有序的对象序列中。

5．Map 接口

Map 是一种包含键值对的元素的集合，但其并没有继承 Collection 接口。Map 不能包含重复的键，即一个 Map 中不能包含相同的 key，每个 key 只能映射一个 value。Map 提供了 key 到 value 的映射，从而可通过键实现对值的快速访问。Java 平台中包含了三种通用的 Map 实现：HashMap、TreeMap 和 LinkedHashMap。

（1）HashMap 类。在 Map 中插入、删除和定位元素，HashMap 是最好的选择。为了优化 HashMap 空间的使用，您可以调优初始容量和负载因子。常用构造方法如下：

- HashMap()：构建一个空的哈希映像。
- HashMap(Map m)：构建一个哈希映像，并且添加映像 m 的所有映射。
- HashMap(int initialCapacity)：构建一个拥有特定容量的空的哈希映像。
- HashMap(int initialCapacity, float loadFactor)：构建一个拥有特定容量和加载因子的

空的哈希映像。

（2）TreeMap 类。TreeMap 能按自然顺序或自定义顺序遍历键。TreeMap 没有调优选项，因为该树总处于平衡状态。常用构造方法如下：

- TreeMap()：构建一个空的映像树。
- TreeMap(Map m)：构建一个映像树，并且添加映像 m 中所有元素。
- TreeMap(Comparator c)：构建一个映像树，并且使用特定的比较器对关键字进行排序。
- TreeMap(SortedMap s)：构建一个映像树，添加映像树 s 中所有映射，并且使用与有序映像 s 相同的比较器排序。

（3）LinkedHashMap 类。LinkedHashMap 类扩展 HashMap，以插入顺序将关键字/值对添加进链接哈希映像中。象 LinkedHashSet 一样，LinkedHashMap 内部也采用双重链接式列表。

- LinkedHashMap()：构建一个空链接哈希映像。
- LinkedHashMap(Map m)：构建一个链接哈希映像，并且添加映像 m 中所有映射。
- LinkedHashMap(int initialCapacity)：构建一个拥有特定容量的空的链接哈希映像。
- LinkedHashMap(int initialCapacity, float loadFactor)：构建一个拥有特定容量和加载因子的空的链接哈希映像。
- LinkedHashMap(int initialCapacity, float loadFactor, boolean accessOrder)：构建一个拥有特定容量、加载因子和访问顺序排序的空的链接哈希映像。如果将 accessOrder 设置为 true，那么链接哈希映像将使用访问顺序而不是插入顺序来迭代各个映像。

（4）WeakHashMap 类。WeakHashMap 类是 Map 的一个特殊实现，它使用 WeakReference（弱引用）来存放哈希表关键字。使用这种方式时，当映射的键在 WeakHashMap 的外部不再被引用时，垃圾收集器会将它回收，但它将把到达该对象的弱引用纳入一个队列。WeakHashMap 的运行将定期检查该队列，以便找出新到达的弱应用。当一个弱引用到达该队列时，就表示关键字不再被任何人使用，并且它已经被收集起来，然后 WeakHashMap 便删除相关的映射。

- WeakHashMap()：构建一个空弱哈希映像。
- WeakHashMap(Map t)：构建一个弱哈希映像，并且添加映像 t 中所有映射。
- WeakHashMap(int initialCapacity)：构建一个拥有特定容量的空的弱哈希映像。
- WeakHashMap(int initialCapacity, float loadFactor)：构建一个拥有特定容量和加载因子的空的弱哈希映像。

5.3.4 训练任务

完成引导任务 5-2 和引导任务 5-3 的程序设计与调试工作，具体内容请见引导任务 5-2 和引导任务 5-3。

5.4 [引导任务 5-4] 获取并过滤打印点菜单输出文件

5.4.1 任务目标与要求

- 任务目标：能灵活使用 String 类。
- 设计要求：判断文件名后缀是否合符要求（.txt），并从给定的文件路径中获取文件存储路径。

5.4.2 实施过程

（1）新建 ch05.String 包，在该包中新建一个类 testString，然后输入相关程序，内容如下：

```java
package ch05.string;

/**
 *
 * @author huang
 */
public class testString {
    public static void main(String args[]) {
        String filepath = "D:\\myfile\\otpt.txt";
        String filename = "otpt.txt";
        if (filename.indexOf(".txt") < 0) {
            String filepath1 = filepath.substring(0, filepath.lastIndexOf("\\") + 1);
            System.out.println("构造文件路径后输出……");
        } else {
            System.out.println("直接输出……");
        }
    }
}
```

（2）单击运行该程序，程序运行结果如图 5-5 所示。

图 5-5　testString 类运行结果

5.4.3 知识解析

1. 字符串

Java 提供了两种字符串类，即 String 类和 StringBuffer 类。它们都提供了相应的方法实现字符串的操作。

String 类用于处理不可变的字符串，即 String 类的对象内容和长度是固定的。如果程序需要获得字符串的信息，就需要调用系统提供的各种字符串的操作方法来实现。虽然可通过各种系统方法对字符串实施操作,但这并不改变对象实例本身,而是生成了一个新的实例。系统为 String 类的对象分配内存,是按照对象包含实际字符数分配的,使用 length()方法获得实际包含字符串的长度。

StringBuffer 类用于处理可变字符串,且该类具有缓冲功能。如果要修改一个 StringBuffer 类的字符串对象,不需要再创建新的字符串对象,而是直接操作原来的字符串即可完成对字符串的动态添加、插入和替换等操作。系统为 StringBuffer 类的对象分配内存时,除去当前字符所占空间外,还提供另外 16 个字符大小的缓冲区。由此,在使用 StringBuffer 类的对象时,length()方法获得实际包含字符串的长度,而 capacity()方法则返回当前数据容量和缓冲区的容量之和。

2. String 类

(1)构建 String 类的对象方式有以下四种。

- 直接使用引号""创建。
- 使用 new String()创建。
- 使用 new String("someString")创建,以及使用其他的一些重载构造函数创建。
- 使用重载的字符串连接操作符"+"创建。

(2)在 String 类中,主要的操作方法有以下几种。

1)获取子串。substring()用于实现获得字符串中部分字符串,该方法有以下两种形式:

String substring(int startIndex):取得从 startIndex 位置(包含 startIndex 位置)开始到该字符串结束的子串。

String substring(int startIndex,int endIndex):取得从 startIndex 位置(包含 startIndex 位置)开始到 endIndex(不包含 endIndex 位置)位置结束的子串。

示例:

```
String s1 = new String("hello,Java");   //创建一个字符串,内容为"hello,Java",字符串名为 s1
String subs1 = s1.substring(0,2);       //获得从第一个字符到第二个字符的子串,结果是"he"
String subs2 = s1.substring(2);         //获得从第三个字符到最后一个字符的子串,结果是"llo,Java"
```

2)连接字符串。concat()方法用于实现两个或多个字符串连接为一个字符串,同时生成一个新串。

示例:

```
String s1 = new String("hello, ");   //创建一个字符串,内容为"hello,",字符串名为 s1
String s2 = new String("Java");      //创建一个字符串,内容为"Java",字符串名为 s2
String s3=s1.concat(s2);             //调用 String 类的 concat 函数实现字符串的连接,并将结果赋
给一个字符串 s3
```

(3)更改字符串中的部分字符,方法如下所述。

- replace()方法

replace()方法用于替换字串符中的字符或字符序列,它有两种形式。第一种形式是把字符串中与第一个参数字符相同的字符统一替换为方法中第二个字符,形式如下:

String replace(char original,char replacement)

示例:

```
String s="Hello".replace('l', 'w');
```

第二种形式是用一个字符序列替换另一个字符序列,形式如下:

String replace(CharSequence original,CharSequence replacement)
- replaceAll(String,String)方法

该方法把字符串中与第一个字符串参数相同的字符串统一替换为第二个字符串参数。
- replaceFirst(String,String)方法

该方法把字符串中与第一个字符串参数相同的第一个字符子串替换为第二个字符串参数。

4）去掉空格。trim()方法用于去掉起始和结尾的空格。

5）获取字符串长度。length()方法用于取得字符串的长度。

示例：

  String s = new String("hello,Java"); //创建一个字符串，内容为"hello,Java"，字符串名为 s1
  System.out.println(s.length()); //输出 String 类对象的长度，结果为 10

6）获取指定位置的字符。charAt(int index)可以直接获取字符串中一个特定位置的字符，前提是要先知道字符串的长度值，在长度范围内获得一个指定的字符。

示例：

  String s1 = new String("hello,Java"); //创建一个字符串，内容为"hello,Java"，字符串名为 s1
  Char resultchar = s1.charAt(0); //获得字符串 s1 中第一个位置的字符，即"h"

7）更改大小写。

toUpperCase()方法，该方法把小写字符串转换成大写字符串。

toLowerCase()方法，该方法把大写字符串转换成小写字符串。

示例：

  String s1 = new String("hello,Java"); //创建一个字符串，内容为"hello,Java"，字符串名为 s1
  String uppers1 = s1.toUpperCase(); //把字符串 s1 的字符转换成大写，即"HELLO,JAVA"。
  String lowers1 = s1.toLowerCase(); //把字符串 s1 的字符转换成小写，即"hello,java"。

8）比较字符串。equals(String str)方法实现比较两个字符串内容是否相同，如果相同则返回 true，如果不同则返回 false。

示例：

  String str="This is a String";
  //result 的值为 false
  Boolean result=str.equals("This is another String ");

另外，"=="运算符是用于比较两个对象是否引用同一实例。

示例：

  String s1="This is a String";
  String s2=new String(s1);
  Boolean b1=s1.eauals(s2); //true
  Boolean b2=(s1==s2); //false

9）转换为字符串。String 类提供静态方法 valueOf()，它可以将任何类型的数据对象转换为一个字符串。

示例：

  System.out.println(String,ValueOf(23.54));

10）截取多个字符。getChars()用以得到字符串的一部分字符串，常用形式如下：

  public void getChars(int srcBegin,int srcEnd,char[] target,int dstBegin)

其中，srcBegin 指定子串开始字符的下标；srcEnd 指定子串结束后的下一个字符的下

标，即子串包含从 srcBegin 到 srcEnd -1 的字符；target 指定接收字符的数组；dstBegin 表示 target 中开始存放复制子串的下标值。

示例：
  String str = "This is a String";
  char[] chr = new char[10];
  str.getChars(5, 12, chr, 1); //从第一个位置后放置复制的字符

11）获取字节数组。getBytes()方法是将字符存储在字节数组中。

示例：
  String s = "Hello,Java";
  byte[] bytes = s.getBytes();

12）获取指定字符或子字符串的位置。indexOf()和 lastIndexOf()方法分别用于确定字符串中指定字符或子字符串在给定字符串的第一次或最后一次位置。

示例：
  String str="This is a String";
  Int index1 =str.indexOf("i");   //index1=2
  Int index2=str.indexOf('i',index+1);   //index2=5
  Int index3=str.lastIndexOf("i");   //index3=13
  Int index4=str.indexOf("String");   //index4=10

13）比较字符串大小。compareTo()方法用于判断一个字符串是大于、等于还是小于另一个字符串。判断字符串大小的依据是它们在字典中的顺序，其返回的是一个 int 类型值。

示例：
  Str1.compareTo(Str2); //若 Str1 等于字符串参数 Str2，则返回 0；若该 Str1 按字典顺序小于字符串参数 Str2，则返回值小于 0；若 Str1 按字典顺序大于字符串参数 Str2，则返回值大于 0。

14）分割字符串。分割字符串指按照指定的划界表达式把字符串分割成几部分，每部分是一个字符串，方法返回值是字符串数组。

示例：
  String s1 = new String("This is a String");
  String[] splitresult = s1.split("i"); //划界表达式是"i"，分割结果是 {"Th"," s ","s a Str","ng"}

3. StringBuffer 类

（1）常用于构造 StringBuffer 类对象的方法有以下三种：

StringBuffer()：构造一个没有任何字符的 StringBuffer 类。

StringBuffer(int length)：构造一个没有任何字符的 StringBuffer 类，并且长度为 length。如果添加的字符超出了字符串缓冲区的长度，Java 将自动进行扩充。

StringBuffer(String str)：以 str 为初始值构造一个 StringBuffer 类。

（2）StringBuffer 相关的操作方法如下所述。

1）length()和 capacity()，一个 StringBuffer 的当前长度可通过 length()方法得到，而整个可分配空间通过 capacity()方法得到。

示例：
  StringBuffer sf = new StringBuffer("This is a String"); //创建一个 StringBuffer 类
  System.out.println(sf.length()); //输出 StrinBuffer 类对象的长度，结果为 16
  System.out.println(s.capacity()); //输出 StrinBuffer 类对象的容量，结果为 16+16 = 32

2）setCharAt(int index, char ch)，将指定的字符 ch 放到 index 指字的位置。

示例：

    StringBuffer sb = new StringBuffer("This is String");
    sb.setCharAt(3, 'a');
    System.out.println("sb=" + sb);

3）setLength(int newLength)，重新设置字符串缓冲区中字符串的长度，如果 newLength 小于当前的字符串长度，将截去多余的字符。

示例：

    StringBuffer sb = new StringBuffer("This is String");
    sb.setLength(5);
    System.out.println("sb=" + sb);   //sb=This is String

4）append(String Str)，可把任何类型数据的字符串连接到调用的动态字符串数组（StringBuffer）对象的末尾。

示例：

    StringBuffer sb = new StringBuffer(6);
    System.out.println("字符串缓冲区：" + sb.capacity());
    sb.append("String a");
    System.out.println("字符串缓冲区:" + sb.capacity());

5）insert(int index,String str)，插入字符串。index 指定将字符串插入到 StringBuffer 对象中的位置的下标。

    StringBuffer insert(int index,String str)
    StringBuffer insert(int index,char ch)
    StringBuffer insert(int index,Object obj)

示例：

    StringBuffer sb = new StringBuffer("This is String");
    sb.insert(3, "aa");
    System.out.println(sb);

6）reverse()，颠倒 StringBuffer 对象中的字符。

示例：

    StringBuffer sb = new StringBuffer("This is String");
    sb.reverse();
    System.out.println(sb);

7）delete(int start in end)，删除当前动态字符串数组（StringBuffer）对象中以索引号 start 开始，到 end 结束的子串。而 deleteCharAt(int index)删除当前动态字符串数组（StringBuffer）对象中索引号为 index 的字符。

示例：

    StringBuffer sb = new StringBuffer("This is String");
    sb.delete(3,5);
    System.out.println(sb);
    Sb.deleteCharAt(3)
    System.out.println(sb);

5.4.4 训练任务

（1）完成引导任务 5-4 的程序设计与调试工作，具体内容请见引导任务 5-4。

（2）运行以下程序段，看看是否有语法错误，若有则改正，并观察程序最后的输出结果。

```
StringBuffer sb = new StringBuffer("This is String");
sb.insert(5, "aa");
System.out.println(sb);
sb.reverse();
System.out.println(sb);
sb.delete(2,20);
System.out.println(sb);
Sb.deleteCharAt(4)
System.out.println(sb);
```

5.5 [引导任务 5-5] 输出点菜单信息到文件中

5.5.1 任务目标与要求

- 任务目标：学会文件操作类、IO 类。
- 设计要求：通过给定的文件名（含路径）判断文件名是否含规定的后缀（在此为 txt），若有，则通过 FileWriter 对象将内容直接写入文件；若没有，则在文件名后加上后缀，然后再通过 FileWriter 对象来写文件，若写文件时出现异常，则提示异常信息。

5.5.2 实施过程

新建 ch05.file 包，在该包中新建一个类 testFileIO，然后输入相关程序，内容如下：

```java
package ch05.file;

import java.io.File;
import java.io.FileWriter;
import java.io.IOException;

/**
 *
 * @author huang
 */
public class testFileIO {
    public static void main(String args[]) {
        File fileName = new File("D:\\myfile\\otpt.txt");
        String filepath = fileName.getPath();
        String filename = fileName.getName();
        String PrintStr = "文件打印开始了";
```

```
        try {
            FileWriter writer = null;
            if (filename.indexOf(".txt") < 0) {
                String filepath1 = filepath.substring(0, filepath.lastIndexOf("\\") + 1);
                filename = filename + ".txt";
                writer = new FileWriter(filepath1 + filename, true);
            } else {
                writer = new FileWriter(fileName, true);
            }
            if (!PrintStr.equals("")) {
                writer.write(PrintStr);
            }
            writer.close();
        } catch (IOException e) {
            e.printStackTrace();
        }
    }
}
```

5.5.3 知识解析

1. 文件操作

（1）输入输出（IO）流简介。所有计算机的应用程序都必须接收输入和产生输出，在接收输入与产生输出的过程中所涉及数据的流动，即为流（Stream）。将数据从外设或外存（如键盘、文件、鼠标）传递到应用程序的流称为输入流（Input Stream）；将数据从应用程序传递到外设或外存（如屏幕、文件、打印机）的流称为输出流（Output Stream）。流、应用程序、外设间的关系如图 5-6 所示。

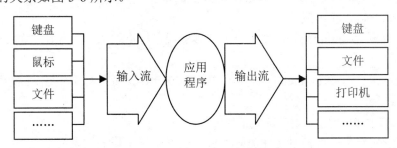

图 5-6　流、应用程序、外设间的关系图

（2）常用 IO 流类。

1）有关文件名及目录名的类 File。File 类的常用构造方法如下：
- File(String path)
- File(String path, String FileName)
- File(File dir, String name)

常用方法有 canRead()、canWrite()、getParent()、getPath()等，这些成员方法主要实现对文件各个属性的操作。

2）有关文件内容操作的类。
- 输入输出抽象基类

InputStream/OutputStream 和 Reader/Writer 为输入输出抽象基类。实现文件内容操作的基本功能函数是 read()、write()、close()、skip()等。InputStream/OutputStream 是以"位"方式进行操作的，也叫位流，通常用于读写二进制文件，如图像和声音文件；Reader/Writer 是以"字符"方式进行的，也叫字符流，通常操作纯文本文件。这些抽象基类不能直接使用，而是要用它们派生出来的子类来创建实例对象。

- 字节流类

FileInputStream/FileOutputStream 类从 InputStream/OutputStream 类派生，用于本地文件读写，方式是按二进制格式读写并且是顺序读写。

- 字符流类

FileReader/FileWriter 类从 Reader/Writer 类派生，用于本地文件读写，按字符形式进行读写并且是顺序读写。

- 管道 IO 流类

PipedInputStream/PipedOutputStream 类用于输入输出。将一个程序或一个线程的输出结果直接连接到另一个程序或另一个线程的输入端口，实现两者数据直接传送。

- 随机文件读写类

RandomAccessFile 类直接继承于 Object 类，实现了 DataInput/DataOutput 接口，从而实现了只要改变文件的读写位置的指针即可读写文件任何位置的数据。

- DataInput/DataOutput 接口

实现与机器无关的各种数据格式读写（如 readChar()、readInt()、readLong()、readFloat()，readLine()将返回一个 String)。其中 RandomAccessFile 类实现了该接口，具有比 FileInputStream 或 FileOutputStream 类更灵活的数据读写方式。

- 标准输入输出流

System.in 为 InputStream 类的对象，其实现了标准输入，可使用它的 read 方法读取键盘数据。

System.out 为 PrintStream 打印流类的对象，其实现了标准输出，常用方法有 println、print。

（3）文件操作的一般方法：
- 生成一个输入输出文件类的对象（根据所要操作的类型）。
- 调用此类的成员函数实现文件数据内容的读写。
- 关闭此文件。

[辅助示例 5-1] IO 流的相关操作。

```
package ch05.print;

import java.io.*;
public class IOTest {
    /**
     * 以字节为单位读写文件。使用了 InputStream 和 OutputStream
     * @param fileName    文件名
```

```java
    */
    public static void RWTest(String fileName) {
        File file = new File(fileName);
        OutputStream out = null;
        InputStream in = null;
        String str="";
        try {
            System.out.println("以字节为单位读取文件内容，一次读一个字节：");
            //一次读一个字节
            in = new FileInputStream(file);
            //不断地读取，直到文件结束
            int m;
            while((m=in.read())!= -1) {
                str=str+(char)m;
            }
            in.close();
        } catch(IOException e) {
            e.printStackTrace();
            return;
        }
        str="写文件"+str;
        try {
            //打开文件输出流
            out = new FileOutputStream(file);
            out.write(str.getBytes());
            System.out.println("写文件" + file.getAbsolutePath() + "成功！ ");
        } catch (IOException e) {
            System.out.println("写文件" + file.getAbsolutePath() + "失败！ ");
            e.printStackTrace();
        } finally {
            if (out != null) {
                try {
                    out.close();
                } catch(IOException e1) {
                    e1.printStackTrace();
                }
            }
        }
    }
    /**
     * 追加文件内容。使用 RandomAccessFile
     * @param fileName     文件名
     * @param content      追加的内容
     */
    public static void appendTest1(String fileName, String content) {
        try {
```

```
            //按读写方式打开一个随机访问文件流
            RandomAccessFile randomFile = new RandomAccessFile(fileName, "rw");
            long fileLength = randomFile.length();        //文件长度，字节数
            //将写文件指针移到文件尾
            randomFile.seek(fileLength);
            randomFile.writeBytes(content);
            randomFile.close();
        } catch (IOException e) {
            e.printStackTrace();
        }
    }
```

2. 异常处理

（1）系统异常类。Java 虚拟机（JVM）检测到了非正常的执行状态，如表达式的计算违反了 Java 语言的语义、在载入或链接 Java 程序时出错、超出了某些资源限制等，将产生异常。

1）异常分类。在 Java 中，异常可分为以下 3 种：

①检查性异常（java.lang.Exception）。程序正确，主要是由于外在的环境条件不满足而引发。例如，I/O 问题、数据库连接。这不是程序本身的逻辑错误，而很可能是远程机器名字错误（用户拼写错误）。Java 编译器强制要求处理这类异常，如果不能捕获这类异常，程序将不能被编译；②运行期异常（java.lang.RuntimeException）。这意味着程序存在漏洞，如数组越界、被 0 除、参数不满足规范等。这类异常需要更改程序来避免，程序是可通过编译的，但时常也强制要求处理这类异常；③错误（java.lang.Error）。很难通过程序解决，也较少见。它有可能来自程序中的漏洞，更可能来自程序运行所在的环境，如内存耗尽。错误在程序中无须处理，而由运行环境处理。

在 Java 异常类中，顶层是 java.lang.Throwable 类，检查性异常、运行期异常、错误都是这个类的子类。其中 java.lang.Exception 和 java.lang.Error 继承自 java.lang.Throwable，而 java.lang.RuntimeException 继承自 java.lang.Exception，其层次结构如图 5-7 所示。

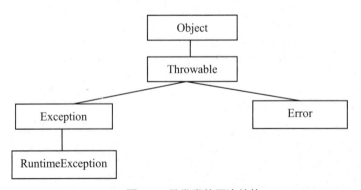

图 5-7 异常类的层次结构

2）异常处理机制。在异常处理上，采用如下机制：

①抛出异常：当语义限制被违反时，将会抛出异常，即产生一个异常事件，生成一个异

常对象，并把它提交给运行系统，由运行系统寻找相应的代码处理异常；②捕获异常：异常抛出后，运行时系统从生成异常对象的代码开始，沿方法的调用栈进行查找，直到找到包含相应处理方法的代码，并把异常对象交给该方法为止，这一过程为捕获异常。

对于捕获的异常，采取的处理方法：一是在发生异常的地方直接处理；二是将异常抛给调用者，让调用者处理。

3）异常处理语句模式。异常处理语句变通格式如下：

```
try{…}
catch(异常类型  e) {…}
catch(异常类型  e) {…}
…
finally{…}
```

说明：

①在程序中将引起异常的代码添加到最近的 try 语句中，由 catch 子句进行异常识别和处理，且每个 try 语句至少要有一个与之相匹配的 catch 或 finally 子句；②如果 catch 语句参数中声明的异常类与抛出的异常类相同，或是它的父类，catch 语句就可以捕获任何这种异常类的对象；③如果异常类和其子类都出现在 catch 子句中，应该把子类放在前面，否则永远不会到达子类。

其应用如引导任务 5-5 中的 testFileIO 类中的语句。

```
try{
    …
} catch (IOException e) {
    e.printStackTrace();
}
```

[辅助示例 5-2] 除零异常。

```
public static void main(String[] arg3){
    String.out.println("异常示例\n");
    try{
        int m=8;
        m/=0;
    }catch(ArithmeticException e){
        System.out.println("异常是："+e.getMessage());
    }finally{
        System.out.println("执行 finally");
    }
}
```

4）throw 语句。在 Java 中，异常对象可由系统抛出，也可通过代码实现，即用 throw 语句可明确地抛出一个异常。

throw 语句的格式：

    <throw> <异常对象>

程序会在 throw 语句处立即终止，转向 try…catch 寻找异常处理的方法，不再执行 throw 后的方法。

[辅助示例 5-3] 抛出空指针异常。

```
public class TestNullPE{
    static void TestThrow (){
        try{
            throw new NullPointerException("空指针异常");
        }catch(NullPointerException e){
            System.out.println("\n在 throwprocess 方法中捕获一个"+e.getMassage());
            throw e;
        }
    }
    public static void main(String args[]){
        TestNullPE tpe=new TestNullPE();
        try{
            tpe.TestThrow ();
        }catch(NullPointerException e){
            System.out.println("再次捕获："+e);
        }
    }
}
```

5）throws 语句。throws 语句用来说明一个方法可能抛出的各种异常，并说明该方法会抛出但不捕获异常。再者，在明确抛出一个 RuntimeException 或自定义异常类时，必须在方法的声明语句中用 throws 子句来表明它的类型。此时，一般需用不同的方法来分别抛出和处理异常。

throws 子句的格式：

<返回值类型> <方法名> <(参数)> <throws> <异常类型>{……}

[辅助示例 5-4] 抛出非法访问异常。

```
Class TestIllegalAE{
    static void TestThrows() throws IllegalAccessException{
        System.out.println("\n在 TestThrows 中抛出一个异常");
        throw new IllegalAccessException();
    }
    public static void main(String args[]){
        TestIllegalAE tae=new TestIllegalAE();
        try{
            tae.TestThrows ();
        }catch(IllegalAccessException e){
            System.out.println("在 main 中捕获异常："+e);
        }
    }
}
```

（2）自定义异常类。在异常的处理中，为了更符合自己的要求，也可以自定义异常，其通用格式：

[修饰符] <class> <自定义异常名> <extends> <Exception>{……}

[辅助示例 5-6] 自定义异常的使用。

```
class MyException extends Exception{
    private int x;
```

```
            MyException(int x){
              this.x=x;
            }
            public String toString(){
              return "Test MyException";
            }
        }
    }
    public class TestMyException{
      static void TestME(int x) throws MyException{
            System.out.println("\t 此处引用 TestME("+x+")");
            if(x>8) throw new MyException(x);
            System.out.println("正常返回");
        }
    }
```

上述代码解析为：先自定义一个异常类 MyException，再通过 TestMyExceprion 类进行测试，由 throws 语句声明要抛出异常 MyExceprion。在 TestME 方法中，若输入的数大于 8，则抛出异常。

5.5.4 训练任务

完成引导任务 5-5 的程序设计与调试工作，具体内容请见引导任务 5-5。

5.6 课外习题

一、选择题

1. 下面哪个语句是创建数组的正确语句？（   ）
    A）float f[][] = new float[6][6];   B）float []f[] = new float[6][6];
    C）float f[][] = new float[][6];   D）float f = new float[6][6];
2. 已知表达式 int m[] = {0, 1, 2, 3, 4, 5, 6 };，下面哪个表达式的值与数组下标量总数相等？（   ）
    A）m.length()   B）m.length   C）m.length()+1   D）m.length+1
3. 数组中各个元素的数据类型是（   ）。
    A）相同的   B）不同的   C）部分相同的   D）任意的
4. 以下选项中属于字节流的是（   ）。
    A）FileInputSream   B）FileWriter
    C）FileReader   D）PrintWriter
5. 以下选项中不属于 File 类能够实现的功能是（   ）。
    A）建立文件   B）建立目录   C）获取文件属性   D）读取文件内容
6. 以下选项中哪个类是所有输入字节流的基类？（   ）
    A）InputStream   B）OutputStream
    C）Reader   D）Writer

7. 以下选项中哪个类是所有输出字符流的基类？（　　）
   A）InputStream　　　　　　　　B）OutputStream
   C）Reader　　　　　　　　　　D）Writer
8. 下列选项中能独立完成外部文件数据读取操作的流类是（　　）。
   A）InputStream　　　　　　　　B）FileInputStream
   C）FilterInputStream　　　　　　D）DataInputStream
9. 下列叙述中，错误的是（　　）。
   A）所有的字节输入流都从 InputStream 类继承
   B）所有的字节输出流都从 OutputSteam 类继承
   C）所有的字符输出流都从 OutputStreamWriter 类继承
   D）所有的字符输入流都从 Reader 类继承
10. 下列叙述中，错误的是（　　）。
    A）File 类能够存储文件　　　　B）File 类能够读写文件
    C）File 类能够建立文件　　　　D）File 类能够获取文件目录信息
11. 下列叙述中，正确的是（　　）。
    A）Reader 是一个读取字符文件的接口
    B）Reader 是一个读取数据文件的抽象类
    C）Reader 是一个读取字符文件的抽象类
    D）Reader 是一个读取字节文件的一般类
12. 用于输入压缩文件格式的 ZipInputStream 类所属包是（　　）。
    A）java.util　　B）java.io　　C）java.nio　　D）java.util.zip
13. 下列方法中，声明抛出 InterruptedException 类型异常的方法是（　　）。
    A）ued()　　　B）reume()　　C）lee()　　　D）tart()
14. 异常包含下列那些内容？（　　）
    A）程序中的语法错误
    B）程序的编译错误
    C）程序执行过程中遇到的事先没有预料到的情况
    D）程序事先定义好的可能出现的意外情况
15. 下列异常处理语句编写正确的是（　　）。
    A）try{ System.out.println(2/0) ;}
    B）try(System.out.println(2/0))
          catch(Exception e)
           (System.out.println(e.getMessage());)
    C）try{ System.out.println(2/0) ;}
        catch(Exception e)
        { System.out.println(e.getMessage()); }
    D）try{ System.out.println(2/0) ;}
        catch { System.out.println(e.getMessage()); }

二、操作题

1．编写一个 Java 程序，使用 System.in.readscore()方法读取用户从键盘输入的成绩数据。按"回车"键后，把从键盘输入的数据存放到数组 buffer 中，并将用户输入的成绩保存为指定路径下的文件。

2．编写一个 Java 程序，使用 FileInputStream 类对象读取签名输入的成绩文件到字节数组中，并显示出来。

3．从键盘上输入数据为一整形数组 A [10] 赋值，并按数值的逆序排列输出各元素值。

4．编写一个程序，使用 for 循环控制结构接受键盘输入学生姓名和成绩。定义一个一维数组存储三个学生的姓名，再用一个二维数组存储这三个学生的三门课程的成绩，并将录入结果按下面的样式输出。

姓名	语文	数学	英语
张三	45	50	69
李四	56	78	91
赵二	78	67	87

第二部分　Android 应用篇

单元 6　构建 Android 程序开发环境

单元 7　Android 用户界面设计

单元 8　Android 交互式通信程序设计

单元 9　Android 手机程序的数据存取

单元 10　Android 程序的媒体应用

单元 6 构建 Android 程序开发环境

要进行 Android 程序应用开发，借助于良好的开发工具有利于提高效率。当前，较为常用的开发工具是 Eclipse。

1. 工作任务

（1）建立 Android 程序开发环境。

（2）创建 Android 虚拟设备。

（3）创建第一个 Android 程序。

2. 学习目标

（1）能用正确配置 Android 开发环境，并学会使用 Eclipse 开发调试 Android 程序。

（2）了解 Android 程序的基本结构。

6.1 引导资料

6.1.1 Android 的由来

Android 是一种基于 Linux 的自由及开放源代码的操作系统，主要使用于移动设备，如智能手机和平板电脑，由 Google 公司和开放手机联盟领导及开发。Android 操作系统最初由 Andy Rubin 开发。2005 年 8 月由 Google 收购注资。2007 年 11 月，Google 与 84 家硬件制造商、软件开发商及电信营运商组建开放手机联盟共同研发改良 Android 系统。随后 Google 以 Apache 开源许可证的授权方式，发布了 Android 的源代码。第一部 Android 智能手机发布于 2008 年 10 月。Android 逐渐扩展到平板电脑及其他领域上，如电视、数码相机、游戏机等。

6.1.2 Android 的特点

（1）开放性。在优势方面，Android 平台首先就是其开放性，开放的平台允许任何移动终端厂商加入到 Android 联盟中来。显著的开放性可以使其拥有更多的开发者，随着用户和应用的日益丰富，一个崭新的平台也将很快走向成熟。

（2）不受束缚。在过去很长的一段时间，特别是在欧美地区，手机应用往往受到运营商制约，使用什么功能接入什么网络，几乎都受到运营商的控制。自从 2007 年 iPhone 上市后，用户可以更加方便地连接网络，运营商的制约减少。随着 EDGE、HSDPA 这些 2G 至 3G 移动网络的逐步过渡和提升，手机随意接入网络已不是运营商口中的笑谈。

（3）丰富的硬件。这一点还是与 Android 平台的开放性相关，由于 Android 的开放性，众多的厂商会推出千奇百怪，各具功能特色的多款产品。功能上的差异和特色，却不会影响到数据同步、甚至软件的兼容，如同从诺基亚 Symbian 风格手机一下改用苹果 iPhone，同时，还可将 Symbian 中优秀的软件带到 iPhone 上使用，联系人等资料更是可以方便地转移。

（4）方便开发。Android 平台提供给第三方开发商一个十分宽泛、自由的环境，不会受到各种条条框框的阻扰，可想而知，会有多少新颖别致的软件会诞生。但也有其两面性，血腥、暴力、色情等方面的程序和游戏如何控制是留给 Android 开发者的难题。

（5）Google 应用。在互联网的 Google 已经走过 10 多年的历程，从搜索巨人到全面的互联网渗透，Google 服务如地图、邮件、搜索等已经成为连接用户和互联网的重要纽带，而 Android 平台手机将无缝结合这些优秀的 Google 服务。

6.2 阶段任务实施

6.2.1 [引导任务 6-1] 建立 Android 程序开发环境

- 任务目标：能正确构建 Android 程序开发环境。
- 实现过程如下：

（1）在第一单元安装环境下，安装 ADT（Android Development Tools）。ADT 是 Eclipse 的插件，是用 Eclipse 进行 Android 开发的开发工具。它本身不是 Android SDK，其安装方法与其他 Eclipse 插件的方法一样（Help→Install New Software）。ADT 安装成功后，Eclipse 工具栏中会出现小机器人图标，如图 6-1 所示。

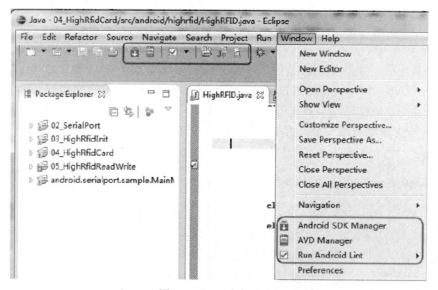

图 6-1　ADT 安装结果

（2）SDK Tools 的安装。SDK Tools 本身也不是 Android SDK，而是 SDK 的下载工具和配置工具。通过 SDK Tools 去下载各种版本的 SDK，下载网址：http://developer.android.com/sdk/index.html。在 Eclipse 中选择 Window→Preferences 命令，从左侧的列表中选择 Android 项，在 SDK 设置 SDK Location 中单击 Browse 按钮；选择 android-sdk 目录，单击"确定"按钮，如图 6-2 所示。

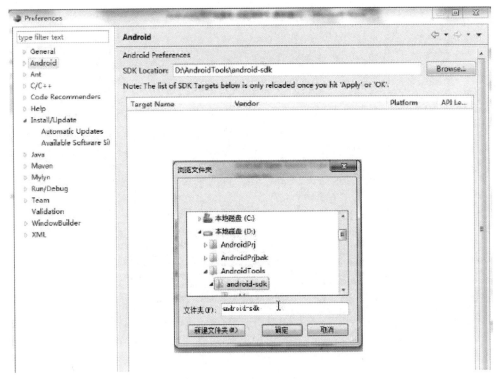

图 6-2　安装 Android SDK

6.2.2　[引导任务 6-2] 创建 Android 虚拟设备

- 任务目标：能通过 Eclipse 创建 Android 虚拟设备。
- 实现过程如下：

（1）打开 Eclipse。

（2）在 Eclipse 中点小机器人→Virtua Devices→New，出现如图 6-3 所示的界面，单击"Create AVD"按钮即可创建 AVD。

6.2.3　[引导任务 6-3] 创建第一个 Android 应用程序

- 任务目标：能通过 Eclipse 创建一个 Android 应用程序，并输出"Hello World"。
- 实现过程如下：

（1）在 Eclipse 中，选择 File→New→Project 命令。在弹出的对话框中应该有一个标有 Android 的文件夹。打开 Android 的文件夹，选择"Android Project"项，然后单击 Next 按钮。

（2）在"Application Name"文本框中输入项目名称（比如"MyFirstApp"），选择一个构建目标。被选中的版本将作为要编译你的应用程序的版本，然后单击 Next 按钮。

（3）设置应用程序的其他细节，如图 6-4 所示。

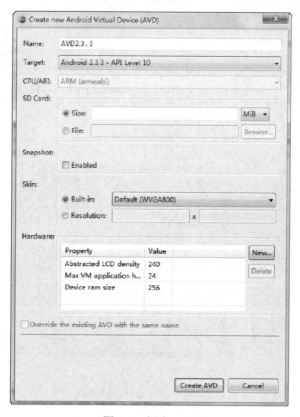

图 6-3　创建 AVD

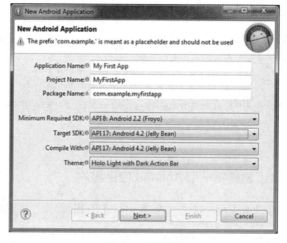

图 6-4　配置图

6.3　Android 程序解析

这次我们拿一个"Hello, world!"的小程序做例子,程序运行结果如图 6-5 所示。虽然只是一个小程序,但麻雀虽小五脏俱全。通过分析该小程序的目录结构(如图 6-6 所示),可使我们对 Android 程序有一个整体全面的认识。

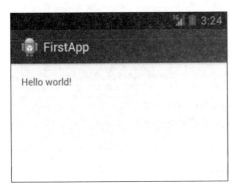

图 6-5　FirstApp 显示效果

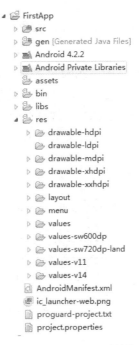

图 6-6　FirstApp 目录结构

接下来我们逐个部分加以讲述。

（1）Activity 类 FirstActivity 文件浅析。Activity 是 Android 中的视图部分，负责界面显示。

```
package com.huang.firstapp;

import com.example.firstapp.R;

import android.os.Bundle;
import android.app.Activity;
import android.view.Menu;

public class FirstActivity extends Activity {

    @Override
    protected void onCreate(Bundle savedInstanceState) {
        super.onCreate(savedInstanceState);
        setContentView(R.layout.activity_first);
    }



    @Override
    public boolean onCreateOptionsMenu(Menu menu) {
        // Inflate the menu; this adds items to the action bar if it is present.
```

```
            getMenuInflater().inflate(R.menu.first, menu);
            return true;
        }

    }
```

可以看到 FirstActivity 是 Activity 的子类，子类要重写 onCreate 方法。setContentView(R.layout.main)方法是给 Activity 设置可以显示的视图（View），视图由 R 类负责寻找。

（2）R 文件浅析。我们看到 Gen 目录下有个 R.Java 文件，R 文件由 ADT 自动生成，程序员不要去修改它，R 文件负责调用应用程序中的非代码资源。

```
package com.example.firstapp;

public final class R {
    public static final class attr {
    }
    public static final class dimen {
        public static final int activity_horizontal_margin=0x7f040000;
        public static final int activity_vertical_margin=0x7f040001;
    }
    public static final class drawable {
        public static final int ic_launcher=0x7f020000;
    }
    public static final class id {
        public static final int action_settings=0x7f080000;
    }
    public static final class layout {
        public static final int activity_first=0x7f030000;
    }
    public static final class menu {
        public static final int first=0x7f070000;
    }
    public static final class string {
        public static final int action_settings=0x7f050001;
        public static final int app_name=0x7f050000;
        public static final int hello_world=0x7f050002;
    }
    public static final class style {
        public static final int AppBaseTheme=0x7f060000;
        public static final int AppTheme=0x7f060001;
    }
}
```

从 R 文件中可以看到每一个资源都会有一个整数与其相对应。

（3）res/layout/main.xml 文件浅析－布局（layout）。在目录结构图中，有个 res 目录，也就是 resource 目录，这个目录下存放资源文件。资源文件的统一管理，也是 Android 系统的一大特色。现在要注意看的是 layout 目录下的文件 main.xml，这个文件的内容是有关用户界面布局和设计的。在桌面程序设计领域采用 XML 也许比较新颖，但是在网页设计领域，这个就很平常了。读者可以用 HTML 来类比 XML 在布局中的用途。

```xml
<RelativeLayout xmlns:android="http://schemas.android.com/apk/res/android"
    xmlns:tools="http://schemas.android.com/tools"
    android:layout_width="match_parent"
    android:layout_height="match_parent"
    android:paddingBottom="@dimen/activity_vertical_margin"
    android:paddingLeft="@dimen/activity_horizontal_margin"
    android:paddingRight="@dimen/activity_horizontal_margin"
    android:paddingTop="@dimen/activity_vertical_margin"
    tools:context=".FirstActivity" >

    <TextView
        android:layout_width="wrap_content"
        android:layout_height="wrap_content"
        android:text="@string/hello_world" />

</RelativeLayout>
```

从以上代码可以看到整个程序界面由一个相对布局控件（RelativeLayout）和一个文本框控件（TextView）组成。res 的其他目录里的其他文件也都是相关的资源描述。

（4）AndroidManifest.xml 文件浅析。在每个应用程序的根目录都会有一个 AndroidManifest.xml 文件，该文件向 Android 操作系统描述了本程序所包括的组件、所实现的功能、能处理的数据、要请求的资源等。学过 Java Web 开发的读者可以用 Web 应用程序里的 web.xml 来类比这个 AndroidManifest.xml 文件。

```xml
<?xml version="1.0" encoding="utf-8"?>
<manifest xmlns:android="http://schemas.android.com/apk/res/android"
    package="com.example.firstapp"
    android:versionCode="1"
    android:versionName="1.0" >

    <uses-sdk
        android:minSdkVersion="8"
        android:targetSdkVersion="17" />

    <application
        android:allowBackup="true"
        android:icon="@drawable/ic_launcher"
        android:label="@string/app_name"
        android:theme="@style/AppTheme" >
        <activity
            android:name="com.huang.firstapp.FirstActivity"
            android:label="@string/app_name" >
            <intent-filter>
                <action android:name="android.intent.action.MAIN" />

                <category android:name="android.intent.category.LAUNCHER" />
```

```
            </intent-filter>
         </activity>
      </application>

   </manifest>
```

我们看到 manifest 是根节点，节点属性里有 versionCode 和 versionName 来表示应用程序的版本，里面可以包含 0 个或 1 个 application 元素，application 可以包含多个 activity 组件，具体的内容我们在接下来的课程里将详细讲解。

（5）Android.jar 文件浅析。作为一个 Java 项目，通常情况下都会引入要用到的工具类，也就是 Jar 包。在 Android 开发中，绝大部分开发用的工具包都被封装到一个名叫 Android.jar 的文件里了。如果我们在 Eclipse 中展开来看，可以看到 j2se 中的包，apache 项目中的包，还有 Android 自身的包文件。在这里我们简单浏览一下 Android 的包文件：

android.app：提供高层的程序模型、提供基本的运行环境。

android.content：包含各种对设备上的数据进行访问和发布的类。

android.database：通过内容提供者浏览和操作数据库。

android.graphics：底层的图形库，包含画布、颜色过滤、点、矩形，可以将他们直接绘制到屏幕上。

android.location：定位和相关服务的类。

android.media：提供一些管理多种音频、视频的媒体接口类。

android.net：提供帮助网络访问的类，超过通常的 java.net.* 接口。

android.os：提供了系统服务、消息传输、IPC 机制。

android.opengl：提供 OpenGL 的工具。

android.provider：提供访问 Android 的内容提供者的类。

android.telephony：提供与拨打电话相关的 API 交互。

android.view：提供基础的用户界面接口框架。

android.util：涉及工具性的方法，例如时间日期的操作。

android.webkit：默认浏览器操作接口。

android.widget：包含各种 UI 元素（大部分是可见的）在应用程序的屏幕中使用。

6.4 Android 系统结构

Android 系统从底向上一共分了 4 层，即 Linux 内核层（Linux Kernel）、中间件层（Libraries）、应用程序框架层（Application Framework）、应用程序层（Application），每一层都把底层实现封装，并暴露调用接口给上一层，如图 6-7 所示。

（1）Linux 内核。Android 运行在 Linux Kernel 2.6 之上，但是把 Linux 内受 GNU 协议约束的部分做了取代，这样 Android 的程序就可以用于商业目的。

Linux 内核是硬件和软件层之间的抽象层。

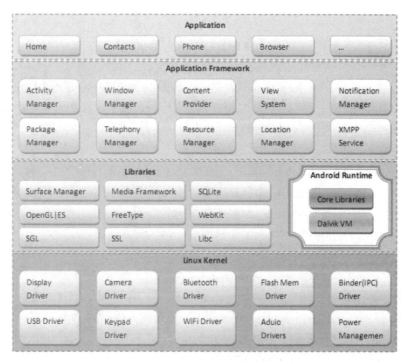

图 6-7 Android 系统结构

（2）中间件。中间件包括两部分：核心库和运行时（Libraries & Android Runtime）。

核心库包括 SurfaceManager 显示系统管理库，负责把 2D 或 3D 内容显示到屏幕；Media Framework 媒体库，负责支持图像，支持多种视频和音频的录制和回放；SQLite 数据库，一个功能强大的轻量级嵌入式关系数据库；WebKit 浏览器引擎等。

Dalvik 虚拟机（VM）：区别于 Java 虚拟机的是，每一个 Android 应用程序都在它自己的进程中运行，都有一个属于自己的 Dalvik 虚拟机，这一点可以让系统在运行时能够达到优化，程序间的影响大大降低。Dalvik 虚拟机并非运行 Java 字节码，而是运行自己的字节码。

（3）应用程序框架。

丰富而又可扩展的视图（Views）可以用来构建应用程序，包括列表（Lists）、网格（Grids）、文本框（Text Boxes）、按钮（Buttons）、可嵌入的 Web 浏览器。

内容提供者（Content Provider）使得应用程序可以访问另一个应用程序的数据（如联系人数据库），或者共享它们自己的数据。

资源管理器（Resource Manager）提供非代码资源的访问，如本地字符串、图形和布局文件（LayoutFiles）。

通知管理器（Notification Manager）使得应用程序可以在状态栏中显示自定义的提示信息。

活动管理器（Activity Manager）用来管理应用程序生命周期并提供常用的导航回退功能。

（4）应用程序。Android 系统会内置一些应用程序包，包括 Email 客户端、SMS 短消息程序、日历、地图、浏览器、联系人管理程序等。所有的应用程序都是使用 Java 语言编写的。

6.5　Android 程序调试

（1）Log 日志输出。可执行 Window→Show View→Other→Android→Log Cat 命令调出 Log Cat 界面常用的日志：

普通运行信息：i

错误信息：e

输出日志：Log.i(TAG,strings);，其中 TAG 为日志标识符，一般用类名表示（方便查看此日志是某个类的输出），且常声明为静态常量。stirngs 为要输出的字符串，例：

```
public class PhoneSMSTest extends AndroidTestCase {
    private static final String TAG = "PhoneSMSTest";
    public void testPhoneSMS() throws Exception {
        Log.i(TAG, "PhoneSMSTest....");
    }
}
```

成功运行程序后，在输出日志 Log Cat 视图中即可查看到标识为 PhoneSMSTest 的信息。

另：可在 Log Cat 中创建一个过滤器，执行 Log Cat→Create Filter→Filter Name 命令；by tab name 为日志标识符，此处为 PhoneSMSTest。

（2）Debug 调试。双击代码编辑器左侧设置断点，如图 6-8 所示。单击菜单栏 Run 项（或 F11 键）便可开始程序调试。程序运行到断点处时会弹出一个对话框，单击 Yes 按钮进入 Debug 视图，找到正在调试的类。

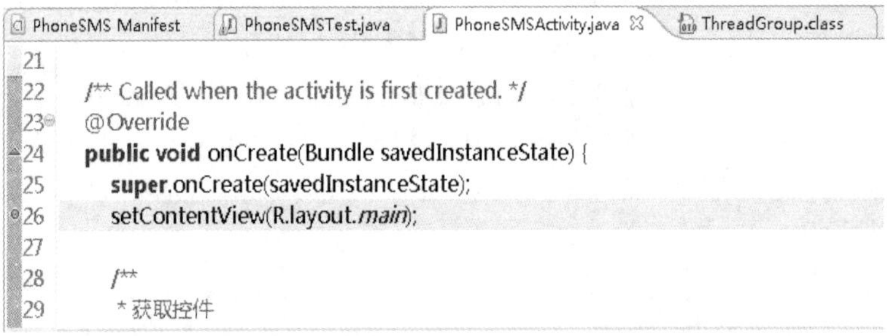

图 6-8　设置断点

Run->step Into 逐语句（或按 F5 键）

Run->step Over 逐过程（或按 F6 键，略过方法）

Run->step Return 单步返回（或按 F7 键，逐语句进入方法后跳出）

Run->Run To Line 运行到光标处（或按 Ctrl + R 组合键）

Run->Resume 断续运行到结束（或按 F8 键）

（3）单元测试。

1）配置 AndroidMainfest.xml。

在 application 中加入

<uses-library android:name="android.test.runner" />

在 application 外加入

```
<!-- targetPackage 要与 mainfest 中的 package 的值相同. -->
<instrumentation android:name="android.test.InstrumentationTestRunner"
    android:targetPackage="com.PhoneSMS.melody" android:label="Test for my app" />
```

2）编写单元测试代码。

注意：在 targetPackage 包中建立单元测试类 PhoneSMSTest.java。此类必须继承 AndroidTestCase 且其中的测试方法必须以 test 开头，如：testPhoneSMS()。

代码如下：

```
package com.PhoneSMS.melody;
import android.test.AndroidTestCase;
import android.util.Log;
public class PhoneSMSTest extends AndroidTestCase {
    private static final String TAG = "PhoneSMSTest";
    public void testPhoneSMS() throws Exception {
        //你要测试的代码
        //Log.i(TAG, "PhoneSMSTest....");
    }
}
```

执行 Window->Show View ->Outline 命令，调出大纲视图（Outline），在 Outline 中找到测试方法，单击右健，执行 Run As ->Android JUnit Test 命令即可，如图 6-9 所示。

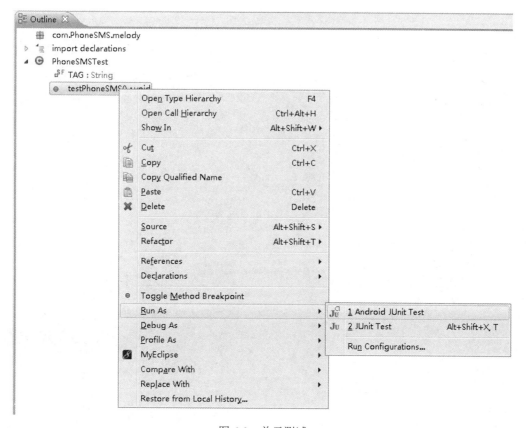

图 6-9　单元测试

6.6 训练任务

(1) 在 Eclipse 中创建推箱子游戏项目,名称为 MyPushBox。
(2) 在 netBeans 中创建图书商城项目,名称为 MyEBook。
(3) 编写一个 Android 程序,在运行界面显示以下信息:
1) 录入成绩。
2) 查看成绩。
3) 退出系统。

单元 7　Android 用户界面设计

为方便用户开发 Android 程序的用户界面，Android 插件为 Ecplipse 提供了许多可视化组件。通过可视化组件的应用，简化了界面的设计工作。

1. 工作任务

（1）使用 TextView 显示文字。
（2）使用 Button 按钮事件提示信息。
（3）使用 EditText 制作信息录入界面。
（4）使用布局控件完成登录界面。
（5）使用选项按钮控件完成性别选择。
（6）使用对话框控件提示信息。
（7）使用列表控件完成图书列表。
（8）使用选项卡控件图书分类界面。
（9）使用进度条控件制作音量调节程序。
（10）使用 WebView 制作简单的浏览器。

2. 学习目标

（1）学会使用 TextView 文本控件。
（2）学会使用 Button 按钮控件。
（3）学会使用 EditText 按钮控件。
（4）学会使用布局控件。
（5）学会使用选项按钮。
（6）学会使用对话框控件。
（7）学会使用列表控件。
（8）学会使用选项卡控件。
（9）学会使用进度条控件。
（10）学会使用 WebView 控件。

7.1　引导资料

7.1.1　用户界面

用户界面（User Interface，UI）是系统和用户之间进行信息交换的媒介，实现信息的内部形式与用户可以接收形式之间的转换。

在 Android 系统中，令人印象深刻的是丰富的用户界面及其易用性，可实现所有给定的功能。Android 使用 XML 文件描述用户界面；资源文件独立保存在资源文件夹中；对用户界面描述非常灵活，允许不明确定义界面元素的位置和尺寸，可仅声明界面元素的相对位置和粗略尺寸。

7.1.2 事件

1. 事件处理模型

Java 事件处理模型如图 7-1 所示。

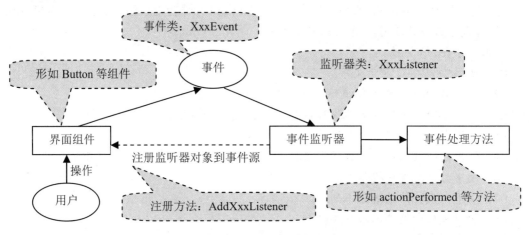

图 7-1 事件处理模型

由图 7-1 可知，当用户操作（鼠标或键盘）某组件对象（事件源）时，系统会自动触发此事件源所对应的事件类对象，并通知所授权的事件监听者（若事件源对象已将该事件监听者注册），该事件监听者将分配相应的事件处理方法，此时，处理方法就开始处理此事件。

2. 事件处理中的几个概念

（1）事件：一个事件类型的对象，用来描述发生了什么事，当用户在组件上进行操作时会触发相应的事件。

（2）事件源：能够产生事件的 GUI 组件。

（3）事件处理方法：能够接受、解析和处理事件类型的对象，实现与用户交互功能的方法。

（4）事件监听器：能够调用事件处理方法的对象。

事件源、事件、事件监听器在使用时的关系如下所述：

- 针对同一个事件源的同一事件可以注册多个事件监听器。
- 针对同一个事件源的多个事件可以注册同一个事件监听器进行处理。
- 同一个监听器可以被注册到多个不同的事件源上。

3. 事件类的结构

Java 的事件类都包含在 JDK 的 java.awt.event 下，见表 7-1。根据产生事件的原因，可分为两类事件。

（1）组件类事件。组件类事件有 ComponnentEvent、ContainerEvent、FocusEvent、MouseEvent、KeyEvent、WindowEvent 共六类，它们均是在组件的状态发生变化时产生的。

（2）动作类事件。动作类事件有 ActionEvent、TextEvent、ItemEvent、AdjustmentEvent

共四类，它们均对应用户的某一功能性的操作。

表 7-1 事件类的结构

事件类	说明	事件源
ComponentEvent	当一个组件移动、隐藏、调整大小或成为可见时，会生成此事件	Component
ContainerEvent	将组件添加至容器或从中删除时，会生成此事件	Container
FocusEvent	组件获得或失去键盘焦点时，会生成此事件	Component
MouseEvent	拖动、移动、单击、按下或释放鼠标，或在鼠标进入或退出一个组件时，会生成此事件	Component
KeyEvent	接收到键盘输入时，会生成此事件	Component
WindowEvent	当一个窗口激活、关闭、失效、恢复、最小化、打开或退出时，会生成此事件	Window
ActionEvent	通常按下按钮、双击列表项或选中一个菜单项时，就会生成此事件	Button、List、MenuItem、TextField
TextEvent	在文本区或文本域的文本改变时，会生成此事件	TextField、TextArea
ItemEvent	单击复选框或列表项时，或者当一个选择框或一个可选菜单的项被选择或取消时，会生成此事件	Checkbox、Choice、List、CheckboxMenuItem
AdjustmentEvent	操纵滚动条时，会生成此事件	Scrollbar

7.2 使用 TextView 文本控件

TextView 继承自 View 类。TextView 控件的功能是向用户显示文本内容，同时可选择性地让用户编辑文本。从功能上来讲，一个 TextView 就是一个完全的文本编辑器，只不过其本身被设置为不允许编辑，其子类 EditText 被设置为允许用户对内容进行编辑。

TextView 控件中包含很多可以在 XML 文件中设置的属性，这些属性同样可以在代码中动态声明。TextView 常用属性及其说明见表 7-2。

表 7-2 TextView 常用属性

属性名称	说明
android:autoLink	设置是否将指定格局的文本转换为可单击的超链接显示。传入的参数值可取 ALL、EMAIL_ADDRESSES、MAP_ADDRESSES、PHONE_NUMBERS 和 WEB_URLS
android:gravity	定义 TextView 在 x 轴和 y 轴标的目标上的显示体式、格式
android:height	定义 TextView 的正确高度，以像素为单位
android:minHeight	定义 TextView 的最小高度，以像素为单位
android:maxHeight	定义 TextView 的最大高度，以像素为单位
android:width	定义 TextView 的正确宽度，以像素为单位

续表

属性名称	说明
android:minWidth	定义 TextView 的最小宽度,以像素为单位
android:maxWidth	定义 TextView 的最大宽度,以像素为单位
android:hint	当 TextView 中显示的内容为空时,显示该文本
android:text	为 TextView 设置显示的文本内容
android:textColor	设置 TextView 的文本色彩
android:textSize	设置 TextView 的文本大小
android:typeface	设置 TextView 的文本字体
android:ellipsize	若是设置了该属性,当 TextView 中要显示的内容跨越了 TextView 的长度时,会对内容进行省略。可取的值有 start、middle、end 和 marquee

7.2.1 [引导任务 7-2-1] 使用 TextView 显示文字

- 任务概述:实现一个在屏幕上显示文字"Android 应用开发!"小程序。
- 实现过程如下:

(1) 新建一个项目 TextViewApp。

(2) 修改 String.xml 文件内容,即增加一个 string 标记名 testStr,结果如下所示:

……
　　　　<string name="app_name">TextView</string>
　　　　<string name="action_settings">Settings</string>
　　　　<string name="testStr">Android 应用开发!</string>
……

(3) 在 activity_text_view.xml 文件修改 TextView 标签内容,即设置 TextView 的文本内容,结果如下所示:

<TextView
　　android:layout_width="wrap_content"
　　android:layout_height="wrap_content"
　　android:text="@string/testStr" />

(4) 启动 Android 模拟器。

(5) 在 TextViewApp 项目上按鼠标右键,选择 Run As→Andriod Application 即可运行。结果如图 7-2(a)所示。

7.2.2 [引导任务 7-2-2] 使用 TextView 显示带背景色的文字

- 任务概述:实现一个在屏幕上显示两行文字小程序,其中一行文字前景色为红色,文字内容为"Android 应用开发!"。另一行文字的背景色设置为绿色,文字内容为"Android 系统级应用开发!"。
- 实现过程如下:

(1) 修改引导任务中的项目 TextViewApp。方式是在 activity_text_view.xml 文件的绘制界面上增加一个 TextView 控件,同时进行设置,设置好的 activity_text_view.xml 文件内容如下:

```
<TextView
    android:id="@+id/textView1"
    android:layout_width="wrap_content"
    android:layout_height="wrap_content"
    android:text="@string/testStr" />
<TextView
    android:id="@+id/textView2"
    android:layout_width="wrap_content"
    android:layout_height="wrap_content"
    android:layout_alignLeft="@+id/textView1"
    android:layout_below="@+id/textView1"
    android:layout_marginTop="29dp"
    android:text="@string/testStr" />
```

（2）打开 TextViewActivity 源程序文件，在 onCreate 方法中增加设置前景色与背景色的语句。内容如下：

```
protected void onCreate(Bundle savedInstanceState) {
    super.onCreate(savedInstanceState);
    setContentView(R.layout.activity_text_view);
    TextView tv1=(TextView)this.findViewById(R.id.textView1);
    TextView tv2=(TextView)this.findViewById(R.id.textView2);
    tv2.setText("Android 系统级应用开发");
    tv1.setTextColor(Color.RED);
    tv2.setBackgroundColor(Color.GREEN);
}
```

（3）启动 Android 模拟器。

（4）在 TextViewApp 项目上按鼠标右键，选择 Run As→Andriod Application 即可运行。结果如图 7-2（b）所示。

（a）　　　　　　　　　　　　　　　　（b）

图 7-2　TextView 文本

7.2.3　[引导任务 7-2-3] 使用 Style 样式化 TextView 文字

- 任务概述：实现一个在屏幕上显示两行文字小程序，其中一行文字前景色为黑色，半透明，文字内容为"Android 应用开发！"。另一行文字的背景色设置为绿色，半透明，可滚动，文字内容为"Android 是一种基于 Linux 的自由……"（内容较多，此略）。

- 实现过程如下：

（1）修改引导任务中的项目 TextViewApp。方式是在 activity_text_view.xml 文件的绘制界面上再增加两个 TextView 控件，同时进行设置，设置好的 activity_text_view.xml 文件内容如下：

```xml
<TextView
    android:id="@+id/textView1"
    android:layout_width="wrap_content"
    android:layout_height="wrap_content"
    android:text="@string/testStr" />
<TextView
    android:id="@+id/textView2"
    android:layout_width="wrap_content"
    android:layout_height="wrap_content"
    android:layout_alignLeft="@+id/textView1"
    android:layout_below="@+id/textView1"
    android:layout_marginTop="29dp"
    android:text="@string/testStr" />

<TextView
    android:id="@+id/textView3"
    style="@style/style01"
    android:layout_width="wrap_content"
    android:layout_height="wrap_content"
    android:layout_alignLeft="@+id/textView2"
    android:layout_below="@+id/textView2"
    android:layout_marginTop="29dp"
    android:text="@string/testStr" />

<TextView
    android:id="@+id/textView4"
    style="@style/style02"
    android:layout_width="wrap_content"
    android:layout_height="wrap_content"
    android:layout_alignLeft="@+id/textView3"
    android:layout_below="@+id/textView3"
    android:layout_marginTop="32dp"
    android:scrollHorizontally="true" />
```

（2）打开 Styles.xml 文件，在该文件中增加两个 style 样式 style01 和 style02。内容如下：

```xml
...
<style name="style01">
    <item name="android:textSize">18sp</item>
    <item name="android:textColor">#DDDDDD</item>
```

```
        </style>

        <style name="style02">
            <item name="android:textSize">18sp</item>

            <item name="android:textColor">#ff0000</item>
            <item name="android:alpha">0.5</item>
        </style>
...
```

（3）打开 TextViewActivity 源程序文件，在 onCreate 方法中增加设置前景色与背景色的语句。内容如下：

```
protected void onCreate(Bundle savedInstanceState) {
    super.onCreate(savedInstanceState);
    setContentView(R.layout.activity_text_view);
    TextView tv1=(TextView)this.findViewById(R.id.textView1);
    TextView tv2=(TextView)this.findViewById(R.id.textView2);
    TextView tv3=(TextView)this.findViewById(R.id.textView3);
    TextView tv4=(TextView)this.findViewById(R.id.textView4);
    tv2.setText("Android 系统级应用开发");
    tv1.setTextColor(Color.RED);
    tv2.setBackgroundColor(Color.GREEN);
    tv4.setMovementMethod(ScrollingMovementMethod.getInstance());
    tv4.setText("Android 是一种基于 Linux 的自由及开放源代码的操作系统，主要用于移动设备，如智能手机和平板电脑，由 Google 公司和开放手机联盟领导及开发。尚未有统一中文名称，中国大陆地区较多人使用"安卓"或"安致"。Android 操作系统最初由 Andy Rubin 开发，主要支持手机。2005 年 8 月由 Google 收购注资。2007 年 11 月，Google 与 84 家硬件制造商、软件开发商及电信营运商组建开放手机联盟共同研发改良 Android 系统。随后 Google 以 Apache 开源许可证的授权方式，发布了 Android 的源代码。第一部 Android 智能手机发布于 2008 年 10 月。Android 逐渐扩展到平板电脑及其他领域上，如电视、数码相机、游戏机等。2011 年第一季度，Android 在全球的市场份额首次超过塞班系统，跃居全球第一。2012 年 11 月，统计数据显示，Android 占据全球智能手机操作系统市场 76%的份额，中国市场占有率为 90%。"
    );
}
```

（4）启动 Android 模拟器。

（5）在 TextViewApp 项目上按鼠标右键，选择 Run As→Andriod Application 即可运行。结果如图 7-3 所示。

图 7-3　TextViewApp 运行结果

7.3 使用 Button 按钮控件

Button 也继承自 TextView，因此也具有 TextView 的宽和高设置、文字显示等一些基本属性。Button 一般与鼠标单击事件联系在一起。

7.3.1 [引导任务 7-3-1] 使用 Button 按钮事件重设提示文字

- 任务概述：实现一个在屏幕上显示一行文字及一个按钮的小程序，其中文字的原始内容为"button！"。按钮文本为"确定"。当单击按钮时文本内容显示为"你单击确定按钮了！"。
- 实现过程如下：

（1）新建项目 ButtonApp，同时将 Activity 类名更改为 ButtonActivity，并修改 Strings.xml 文件，修改后的内容如下：

```
...
    <string name="app_name">ButtonApp</string>
    <string name="action_settings">Settings</string>
    <string name="hello_btn">button！</string>
    <string name="btnStr">确定</string>
...
```

（2）在 activity_button.xmll 文件的绘制界面上增加一个 Button 控件，同时进行设置，设置好的 activity_button.xml 文件内容如下：

```
    <TextView
        android:id="@+id/textView1"
        android:layout_width="wrap_content"
        android:layout_height="wrap_content"
        android:text="@string/hello_btn" />

    <Button
        android:id="@+id/button1"
        android:layout_width="wrap_content"
        android:layout_height="wrap_content"
        android:layout_alignLeft="@+id/textView1"
        android:layout_below="@+id/textView1"
        android:text="@string/btnStr" />
```

（3）打开 ButtonActivity 源程序文件，先在该类中增加一个成员变量，内容如下：
TextView tv1；
然后在 onCreate 方法中为 button1 增加单击事件，内容如下：

```
    protected void onCreate(Bundle savedInstanceState) {
        super.onCreate(savedInstanceState);
        setContentView(R.layout.activity_button);
        tv1=(TextView)this.findViewById(R.id.textView1);
        Button btn1=(Button)this.findViewById(R.id.button1);
        btn1.setOnClickListener(new OnClickListener(){
```

```
        @Override
        public void onClick(View arg0) {
            tv1.setText("你单击确定按钮了！");
        }

    });
```
（4）启动 Android 模拟器。

（5）在 ButtonApp 项目上按鼠标右键，选择 Run As→Andriod Application 即可运行，程序运行结果如图 7-4 所示。

图 7-4 ButtonApp 运行结果

7.3.2 [引导任务 7-3-2] 使用带图标的 Button 按钮事件重设提示文字

- 任务概述：实现一个在屏幕上显示一行文字及一个按钮的小程序，其中文字的原始内容为"button！"，按钮文本为"确定"，并在按钮文本前设置相应图标。当单击按钮时文本内容显示为"你单击带图标的确定按钮了！"。
- 实现过程如下：

（1）修改项目 ButtonApp。在 drawable 中增加图片资源 ic_launcher.png。在 activity_button.xml 文件的绘制界面上再增加一个 Button 控件，同时进行设置，设置好的 activity_button.xml 文件内容如下：

```xml
<TextView
    android:id="@+id/textView1"
    android:layout_width="wrap_content"
    android:layout_height="wrap_content"
    android:text="@string/hello_btn" />

<Button
    android:id="@+id/button1"
    android:layout_width="wrap_content"
    android:layout_height="wrap_content"
    android:layout_alignLeft="@+id/textView1"
    android:layout_below="@+id/textView1"
    android:text="@string/btnStr" />
<Button
    android:id="@+id/button2"
    android:layout_width="wrap_content"
    android:layout_height="wrap_content"
```

```
android:layout_alignLeft="@+id/button1"
android:layout_below="@+id/button1"
android:layout_marginTop="24dp"
android:drawableLeft="@drawable/ic_launcher"
android:text="@string/btnStr" />
```

（2）打开 ButtonActivity 源程序文件，在 onCreate 方法中为 button2 增加单击事件。内容如下：

```
protected void onCreate(Bundle savedInstanceState) {
    super.onCreate(savedInstanceState);
    setContentView(R.layout.activity_button);
    tv1=(TextView)this.findViewById(R.id.textView1);
    Button btn1=(Button)this.findViewById(R.id.button1);
    Button btn2=(Button)this.findViewById(R.id.button2);
    btn1.setOnClickListener(new OnClickListener(){

        @Override
        public void onClick(View arg0) {
            // TODO Auto-generated method stub
            tv1.setText("你单击确定按钮了！");
        }

    });

    btn2.setOnClickListener(new OnClickListener(){

        @Override
        public void onClick(View arg0) {
            // TODO Auto-generated method stub
            tv1.setText("你单击带图标的确定按钮了！");
        }

    });
```

（3）启动 Android 模拟器。

（4）在 ButtonApp 项目上按鼠标右键，选择 Run As→Andriod Application 即可运行，程序运行结果如图 7-5 所示。

图 7-5　ButtonApp 运行结果

7.4 使用 EditText 编辑控件

EditText 是可编辑的文本框，继承自 TextView，因此属性基本相同。EditText 中的文字可以编辑，而 TextView 只显示文字，其中的文字不能编辑。另外，EditText 控件可用来检测用户的输入是否合法等。表 7-3 列出了 EditText 继承自 TextView 的常用属性及其说明。

表 7-3 EditText 常用属性

属性名称	说明
android:cursorVisible	设置光标是否可见，默认可见
android:lines	由过程设置固定的行数来决定 EditText 的高度
android:maxLines	设置最大的行数
android:minLines	设置最小的行数
android:password	设置文本框中的内容是否显示为暗码
android:phoneNumber	设置文本框中的内容只能是电话号码
android:scrollHorizontally	设置文本框是否可以进行程度迁移转变
android:AllOnFocus	若是文本内容可选中，当文本框获得核心时主动选中全部文本内容
android:shadowColor	为文本框设置指定色彩的暗影
android:shadowDx	为文本框设置暗影的程度偏移，为浮点数
android:shadowDy	为文本框设置暗影的垂直偏移，为浮点数
android:shadowRadius	为文本框设置暗影的半径，为浮点数
android:singleLine	设置文本框的单行模式
android:maxLenght	设置最大显示长度

7.4.1 [引导任务 7-4-1] 使用 EditText 制作学生信息录入界面

- 任务概述：实现一个学生信息录入界面，主要包括学生的姓名、密码、出生日期、Email、地址、感兴趣的课程等内容。当单击"提交"按钮时能将相关信息用弹出框进行信息提示。
- 实现过程如下：

（1）建立一个新项目 EditTextApp。在 activity_edit_text.xml 文件的绘制界面上制作一个内容如图 7-6 所示的界面，同时设置相关控件属性。设置好的 activity_edit_text.xml 文件内容如下所示。

```
<EditText
    android:id="@+id/editText1"
    android:layout_width="wrap_content"
    android:layout_height="wrap_content"
```

图 7-6 学生信息录入界面

```xml
        android:layout_alignParentRight="true"
        android:layout_alignParentTop="true"
        android:layout_marginRight="14dp"
        android:layout_marginTop="33dp"
        android:ems="10" >

        <requestFocus />
    </EditText>

    <TextView
        android:id="@+id/textView4"
        android:layout_width="wrap_content"
        android:layout_height="wrap_content"
        android:layout_alignLeft="@+id/textView3"
        android:layout_below="@+id/textView3"
        android:layout_marginTop="24dp"
        android:text="@string/uEmail" />

    <TextView
        android:id="@+id/textView5"
        android:layout_width="wrap_content"
        android:layout_height="wrap_content"
        android:layout_alignRight="@+id/textView4"
        android:layout_centerVertical="true"
        android:text="@string/uAddress" />

    <EditText
        android:id="@+id/editText2"
        android:layout_width="wrap_content"
        android:layout_height="wrap_content"
        android:layout_alignBaseline="@+id/textView2"
        android:layout_alignBottom="@+id/textView2"
        android:layout_alignLeft="@+id/editText1"
        android:ems="10"
        android:inputType="textPassword" />

    <TextView
        android:id="@+id/textView1"
        android:layout_width="wrap_content"
        android:layout_height="wrap_content"
        android:layout_alignTop="@+id/editText1"
        android:text="@string/uName" />

    <TextView
        android:id="@+id/textView2"
        android:layout_width="wrap_content"
```

```xml
        android:layout_height="wrap_content"
        android:layout_alignLeft="@+id/textView1"
        android:layout_below="@+id/editText1"
        android:layout_marginTop="16dp"
        android:text="@string/uPassword" />

    <TextView
        android:id="@+id/textView3"
        android:layout_width="wrap_content"
        android:layout_height="wrap_content"
        android:layout_below="@+id/editText2"
        android:layout_marginTop="15dp"
        android:text="@string/uBirthday" />

    <EditText
        android:id="@+id/editText3"
        android:layout_width="wrap_content"
        android:layout_height="wrap_content"
        android:layout_alignTop="@+id/textView3"
        android:layout_toRightOf="@+id/textView3"
        android:ems="10"
        android:inputType="date" />

    <EditText
        android:id="@+id/editText4"
        android:layout_width="wrap_content"
        android:layout_height="wrap_content"
        android:layout_alignLeft="@+id/editText3"
        android:layout_alignTop="@+id/textView4"
        android:ems="10"
        android:inputType="textEmailAddress" />

    <EditText
        android:id="@+id/editText5"
        android:layout_width="wrap_content"
        android:layout_height="wrap_content"
        android:layout_alignLeft="@+id/editText4"
        android:layout_alignTop="@+id/textView5"
        android:ems="10"
        android:inputType="textPostalAddress" />

    <Button
        android:id="@+id/button1"
        android:layout_width="wrap_content"
        android:layout_height="wrap_content"
        android:layout_alignParentBottom="true"
```

```
            android:layout_marginBottom="60dp"
            android:layout_toLeftOf="@+id/editText2"
            android:text="@string/btnStr" />

        < EditText
            android:id="@+id/ editText6
            android:layout_width="wrap_content"
            android:layout_height="wrap_content"
            android:layout_below="@+id/editText5"
            android:layout_marginTop="20dp"
            android:layout_toRightOf="@+id/textView3"
            android:ems="10"/>

        <TextView
            android:id="@+id/TextView6"
            android:layout_width="wrap_content"
            android:layout_height="wrap_content"
            android:layout_alignBottom="@+id/ editText6"
            android:layout_toLeftOf="@+id/ editText6"
            android:text="@string/uLCourse" />
```

（2）打开 EditTextActivity 源程序文件，先为该类增加如下所示的成员变量：

```
String flag;
EditText et1;
EditText et2;
EditText et3;
EditText et4;
EditText et5;
```

然后在 onCreate 方法中为 button1 增加单击事件，内容如下：

```
protected void onCreate(Bundle savedInstanceState) {
    super.onCreate(savedInstanceState);
    setContentView(R.layout.activity_edit_text);
    et1=(EditText)this.findViewById(R.id.editText1);
    et2=(EditText)this.findViewById(R.id.editText2);
    et3=(EditText)this.findViewById(R.id.editText3);
    et4=(EditText)this.findViewById(R.id.editText4);
    et5=(EditText)this.findViewById(R.id.editText5);

    Button btn=(Button)this.findViewById(R.id.button1);

    btn.setOnClickListener(new OnClickListener(){

        @Override
        public void onClick(View arg0) {
            // TODO Auto-generated method stub
            Log.i("et1",et1.getText().toString().trim());
            flag=et1.getText().toString().trim()+" "+et2.getText().toString().trim()+"
```

```
                 "+et3.getText().toString().trim()+"    "+et4.getText().toString().trim()+"
                 "+et5.getText().toString().trim();
                 Log.i("et1",flag);
                 Toast.makeText(EditTextActivity.this, flag, Toast.LENGTH_SHORT).show();
            }

        });
```

（3）启动 Android 模拟器。

（4）在 ButtonActivity 项目上按鼠标右键，选择 Run As→Andriod Application 命令即可运行，程序运行结果如图 7-6 所示。输入相关信息单击"提交"按钮后，将弹出如图 7-7 所示的 Toast 提示框。

图 7-7　EditText 文本

7.4.2　[引导任务 7-4-2] 使用 EditText 制作自动提示完成输入程序

- 任务概述：修改引导任务 7-4-1，将"兴趣课程"项设置为自动提示完成输入的控件。即当用户输入前面几个元素信息后能自动地提示完成后续信息的输入。
- 实现过程如下：

（1）修改项目 EditTextApp 中的 activity_edit_text.xml 文件的属性设置，即将"兴趣课程"对应的 editText6 控件类型更换为 AutoCompleteTextView 类。修改后的 activity_edit_text.xml 文件内容如下所示。

```
            ...
            <Button
                android:id="@+id/button1"
                android:layout_width="wrap_content"
                android:layout_height="wrap_content"
                android:layout_alignParentBottom="true"
                android:layout_marginBottom="60dp"
```

```
            android:layout_toLeftOf="@+id/editText2"
            android:text="@string/btnStr" />

        <AutoCompleteTextView
            android:id="@+id/autoCompleteTextView1"
            android:layout_width="wrap_content"
            android:layout_height="wrap_content"
            android:layout_below="@+id/editText5"
            android:layout_marginTop="20dp"
            android:layout_toRightOf="@+id/textView3"
            android:ems="10"/>

        <TextView
            android:id="@+id/TextView6"
            android:layout_width="wrap_content"
            android:layout_height="wrap_content"
            android:layout_alignBottom="@+id/autoCompleteTextView1"
            android:layout_toLeftOf="@+id/autoCompleteTextView1"
            android:text="@string/uLCourse" />
    ...
```

（2）打开 EditTextActivity 源程序文件，在 onCreate 方法中增加如下程序：

```
AutoCompleteTextView et6=(AutoCompleteTextView)this.findViewById(R.id.autoCompleteTextView1);
String[] autoString=new String[]{"c++语言","c#语言","手机应用开发","手机驱动开发"};
ArrayAdapter<String> adapter=new ArrayAdapter<String>(this,android.R.layout.simple_dropdown_item_1line,autoString);
et6.setAdapter(adapter);
```

（3）启动模拟器后在 EditTextApp 项目上按鼠标右键，选择 Run As→Andriod Application 即可运行。在兴趣课程对应的栏中输入"c#"后，将弹出如图 7-8 所示的提示信息。

图 7-8　提示信息

7.5 使用布局控件

Android 的界面是由布局和组件协同完成的。组件按照布局的要求依次排列，就组成了用户所看见的界面。

Android 的五大布局分别是 LinearLayout（线性布局）、FrameLayout（单帧布局）、RelativeLayout（相对布局）、AbsoluteLayout（绝对布局）和 TableLayout（表格布局）。

（1）<LinearLayout>线性布局，在这个标签中，所有元件是按由上到下的顺序排列的。

android:orientation="vertical"：表示竖直方式对齐。

android:orientation="horizontal"：表示水平方式对齐。

android:layout_width="fill_parent"：用于定义当前视图在屏幕上可以消费的宽度，fill_parent 表示填充整个屏幕。

android:layout_height="wrap_content"：随着文字栏位的不同而改变这个视图的宽度或者高度，有自动设置宽度或者高度之意。

（2）<RelativeLayout> 相对布局，这个容器内部的子元素可以使用彼此之间的相对位置或者和容器间的相对位置来进行定位。注意，不能在 RelativeLayout 容器本身和它的子元素之间产生循环依赖。比如，不能在将 RelativeLayout 的高设置成 WRAP_CONTENT 的时候将子元素的高设置成 ALIGN_PARENT_BOTTOM。

（3）<AbsoluteLayout> 绝对布局，又称坐标布局，在布局上灵活性较大，也较复杂。由于各种手机屏幕尺寸的差异，给开发人员带来较多困难。用坐标布局时，需要注意坐标原点为屏幕左上角，这和计算机屏幕的设置是一样的。添加视图时，要精确地计算每个视图的像素大小，最好先在纸上画草图，并将所有元素的像素定位计算好。

（4）<FrameLayout> 帧布局，是五大布局中最简单的一个布局。在这个布局中，整个界面被当成一块空白备用区域，所有的子元素都不能指定被放置的位置，它们统统放于这块区域的左上角，并且后面的子元素直接覆盖在前面的子元素之上，将前面的子元素部分和全部遮挡。

（5）<TableLayout> 表格布局，按照行列来组织子视图的布局。表格布局包含一系列的 TableRow 对象，用于定义行。表格布局不为它的行、列和单元格显示表格线。每个行可以包含 0 个以上（包括 0）的单元格；每个单元格可以设置一个 View 对象。与行包含很多单元格一样，表格包含很多列。表格的单元格可以为空单元格，可以象 HTML 那样跨列，列的宽度由该列所有行中最宽的一个单元格决定。

7.5.1 [引导任务 7-5-1] 使用相对布局制作学生登录界面

- 任务概述：使用相对布局实现一个学生登录界面，主要包括学生的姓名、密码以及确定和取消按钮。
- 实现过程如下：

（1）建立一个新项目 RelativeLayoutApp。修改 Strings.xml 的内容如下：

    <string name="app_name">RelativeLayoutApp</string>
    <string name="action_settings">Settings</string>

```xml
<string name="uName">用户名：</string>
<string name="uPassword">密 码：</string>
<string name="btnOk">确定</string>
<string name="btnCancel">取消</string>
```

（2）在 activity_relative.xml 文件的绘制界面上制作一个内容如图 7-9 所示的界面。

图 7-9 RelativeLayoutApp 的界面

设置相关的控件属性，设置好的 activity_relative.xml 文件内容如下：

```xml
<RelativeLayout xmlns:android="http://schemas.android.com/apk/res/android"
    xmlns:tools="http://schemas.android.com/tools"
    android:layout_width="match_parent"
    android:layout_height="match_parent"
    android:paddingBottom="@dimen/activity_vertical_margin"
    android:paddingLeft="@dimen/activity_horizontal_margin"
    android:paddingRight="@dimen/activity_horizontal_margin"
    android:paddingTop="@dimen/activity_vertical_margin"
    tools:context=".RelativeActivity" >

    <TextView
        android:id="@+id/textView1"
        android:layout_width="wrap_content"
        android:layout_height="wrap_content"
        android:layout_alignParentLeft="true"
        android:layout_alignParentTop="true"
        android:layout_marginLeft="29dp"
        android:layout_marginTop="32dp"
        android:text="@string/uName" />

    <EditText
        android:id="@+id/editText1"
        android:layout_width="wrap_content"
        android:layout_height="wrap_content"
        android:layout_alignBottom="@+id/textView1"
        android:layout_marginLeft="20dp"
        android:layout_toRightOf="@+id/textView1"
```

```xml
            android:ems="10" >

            <requestFocus />
        </EditText>

        <TextView
            android:id="@+id/textView2"
            android:layout_width="wrap_content"
            android:layout_height="wrap_content"
            android:layout_alignRight="@+id/textView1"
            android:layout_below="@+id/textView1"
            android:layout_marginTop="32dp"
            android:text="@string/uPassword" />

        <EditText
            android:id="@+id/editText2"
            android:layout_width="wrap_content"
            android:layout_height="wrap_content"
            android:layout_alignBottom="@+id/textView2"
            android:layout_alignLeft="@+id/editText1"
            android:ems="10" />

        <Button
            android:id="@+id/button1"
            android:layout_width="wrap_content"
            android:layout_height="wrap_content"
            android:layout_alignLeft="@+id/textView2"
            android:layout_below="@+id/textView2"
            android:layout_marginTop="44dp"
            android:text="@string/btnOk" />

        <Button
            android:id="@+id/button2"
            android:layout_width="wrap_content"
            android:layout_height="wrap_content"
            android:layout_alignBaseline="@+id/button1"
            android:layout_alignBottom="@+id/button1"
            android:layout_alignLeft="@+id/editText2"
            android:layout_marginLeft="40dp"
            android:text="@string/btnCancel" />

</RelativeLayout>
```

（3）启动模拟器后在 RelativeLayoutApp 项目上按鼠标右键，选择 Run As→Andriod Application 即可运行，程序运行结果如图 7-9 所示。

7.5.2 [引导任务 7-5-2] 使用线性布局制作学生登录界面

- 任务概述：使用线性布局实现一个学生登录界面，主要包括学生的姓名、密码以及确定和取消按钮。
- 实现过程如下：

（1）建立一个新项目 LinearLayoutApp。修改 Strings.xml 的内容如下：

```
<string name="app_name">LinearLayoutApp</string>
<string name="action_settings">Settings</string>
<string name="uName">用户名：</string>
<string name="uPassword">密  码：</string>
<string name="btnOk">确定</string>
<string name="btnCancel">取消</string>
```

（2）在 activity_linear.xml 文件的绘制界面上制作一个内容如图 7-10 所示的界面。

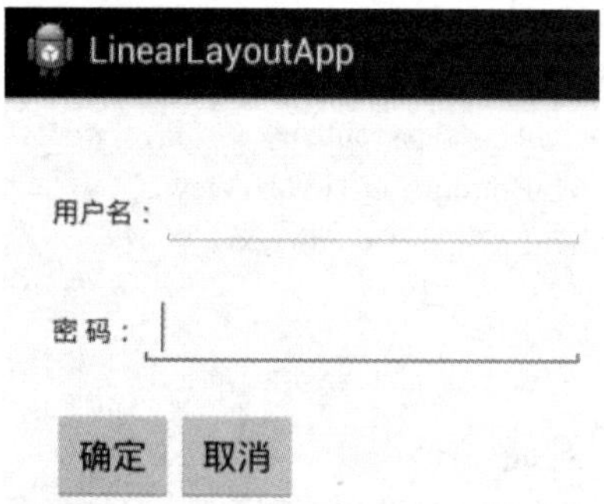

图 7-10　LinearLayoutApp 的界面

设置相关的控件属性，设置好的 activity_relative.xml 文件内容如下：

```
<LinearLayout xmlns:android="http://schemas.android.com/apk/res/android"
    xmlns:tools="http://schemas.android.com/tools"
    android:layout_width="match_parent"
    android:layout_height="match_parent"
    android:orientation="vertical"
    android:paddingBottom="@dimen/activity_vertical_margin"
    android:paddingLeft="@dimen/activity_horizontal_margin"
    android:paddingRight="@dimen/activity_horizontal_margin"
    android:paddingTop="@dimen/activity_vertical_margin"
    tools:context=".LinearActivity" >

    <LinearLayout
        android:layout_width="match_parent"
        android:layout_height="wrap_content"
        android:layout_marginLeft="14dp"
        android:layout_marginTop="20dp"
        android:orientation="horizontal" >
```

```xml
            <TextView
                android:id="@+id/textView1"
                android:layout_width="wrap_content"
                android:layout_height="wrap_content"
                android:text="@string/uName" />

            <EditText
                android:id="@+id/editText1"
                android:layout_width="match_parent"
                android:layout_height="wrap_content" >

                <requestFocus />
            </EditText>

        </LinearLayout>

        <LinearLayout
            android:layout_width="match_parent"
            android:layout_height="wrap_content"
            android:layout_marginLeft="14dp"
            android:layout_marginTop="20dp"
            android:orientation="horizontal" >

            <TextView
                android:id="@+id/textView2"
                android:layout_width="wrap_content"
                android:layout_height="wrap_content"
                android:text="@string/uPassword" />

            <EditText
                android:id="@+id/editText2"
                android:layout_width="match_parent"
                android:layout_height="wrap_content" >

                <requestFocus />
            </EditText>

        </LinearLayout>

        <LinearLayout
            android:layout_width="match_parent"
            android:layout_height="wrap_content"
            android:layout_marginLeft="14dp"
            android:layout_marginTop="20dp"
            android:orientation="horizontal" >
```

```
<Button
    android:id="@+id/button1"
    android:layout_width="wrap_content"
    android:layout_height="wrap_content"
    android:text="@string/btnOk" />

<Button
    android:id="@+id/button2"
    android:layout_width="wrap_content"
    android:layout_height="wrap_content"
    android:text="@string/btnCancel" />

    </LinearLayout>
</LinearLayout>
```

（3）启动模拟器后在 LinearLayoutApp 项目上按鼠标右键，选择 Run As→Andriod Application 即可运行，程序运行结果如图 7-10 所示。

7.5.3 [引导任务 7-5-3] 使用绝对布局制作学生登录界面

- 任务概述：使用绝对布局实现一个学生登录界面，主要包括学生的姓名、密码以及确定和取消按钮。
- 实现过程如下：

（1）建立一个新项目 AbsoluteLayoutApp。修改 Strings.xml 的内容如下：
```
<string name="app_name">AbsoluteLayoutApp</string>
<string name="action_settings">Settings</string>
<string name="uName">用户名：</string>
<string name="uPassword">密  码：</string>
<string name="btnOk">确定</string>
<string name="btnCancel">取消</string>
```

（2）在 activity_absolute.xml 文件的绘制界面上制作一个内容如图 7-11 所示的界面。

图 7-11　AbsoluteLayoutApp 的界面

设置相关的控件属性，设置好的 activity_absolute.xml 文件内容如下：

```xml
<AbsoluteLayout xmlns:android="http://schemas.android.com/apk/res/android"
    xmlns:tools="http://schemas.android.com/tools"
    android:layout_width="match_parent"
    android:layout_height="match_parent"
    android:paddingBottom="@dimen/activity_vertical_margin"
    android:paddingLeft="@dimen/activity_horizontal_margin"
    android:paddingRight="@dimen/activity_horizontal_margin"
    android:paddingTop="@dimen/activity_vertical_margin"
    tools:context=".AbsoluteActivity" >

    <TextView
        android:id="@+id/textView1"
        android:layout_width="wrap_content"
        android:layout_height="wrap_content"
        android:layout_x="6dp"
        android:layout_y="30dp"
        android:text="@string/uName" />

    <EditText
        android:id="@+id/editText1"
        android:layout_width="wrap_content"
        android:layout_height="wrap_content"
        android:layout_x="60dp"
        android:layout_y="20dp"
        android:ems="10" >

        <requestFocus />
    </EditText>

    <TextView
        android:id="@+id/textView2"
        android:layout_width="wrap_content"
        android:layout_height="wrap_content"
        android:layout_x="6dp"
        android:layout_y="120dp"
        android:text="@string/uPassword" />

    <EditText
        android:id="@+id/editText2"
        android:layout_width="wrap_content"
        android:layout_height="wrap_content"
        android:layout_x="60dp"
        android:layout_y="120dp"
        android:ems="10" />
```

```xml
<Button
    android:id="@+id/button1"
    android:layout_width="wrap_content"
    android:layout_height="wrap_content"
    android:layout_x="20dp"
    android:layout_y="210dp"
    android:text="@string/btnOk" />

<Button
    android:id="@+id/button2"
    android:layout_width="wrap_content"
    android:layout_height="wrap_content"
    android:layout_x="180dp"
    android:layout_y="210dp"
    android:text="@string/btnCancel" />

</AbsoluteLayout>
```

（3）启动模拟器后在 AbsoluteLayoutApp 项目上按鼠标右键，选择 Run As→Andriod Application 即可运行，程序运行结果如图 7-11 所示。

7.6 使用选项按钮控件

单选按钮（RadioButton）是一种双状态的按钮，可以选中或不选中。在单选按钮没有被选中时，用户能够按下或单击来选中它。多个单选按钮通常与 RadioGroup（单选按钮组）同时使用。当一个 RadioGroup 包含几个单选按钮时，选中其中一个的同时将取消其他选中的单选按钮。同一个 RadioGroup 组中的按钮，只能作出单一选择。

复选框（CheckBox）也是一种双状态的按钮，可以选中或不选中。相对于 RadioButton，CheckBox 在代码方面就没有那么复杂，一个选项就一个 CheckBox，两个选项就两个 CheckBox。

7.6.1 [引导任务 7-6-1] 使用单选按钮完成性别选择

- 任务概述：实现一个性别选择界面，选择"男"或"女"后，用 Toast 提示选择结果。
- 实现过程如下：

（1）建立一个新项目 RadioButtonApp。修改 Strings.xml 的内容如下：

```xml
...
<string name="rtvStr">您的性别是</string>
    <string name="r1Str">男</string>
<string name="r2Str">女</string>
...
```

（2）修改 activity_radio_button.xml 文件中的界面，在设计界面上放置一个 TextView 控件和两个 RadioButton 按钮，并设置好相应的控件属性，内容如下：

```xml
<TextView
    android:id="@+id/textView1"
```

```
            android:layout_width="wrap_content"
            android:layout_height="wrap_content"
            android:layout_alignLeft="@+id/radioButton1"
            android:layout_alignParentTop="true"
            android:layout_marginTop="27dp"
            android:text="@string/rtvStr" />

        <RadioButton
            android:id="@+id/radioButton1"
            android:layout_width="wrap_content"
            android:layout_height="wrap_content"
            android:layout_alignLeft="@+id/textView1"
            android:layout_below="@+id/textView1"
            android:text="@string/r1Str" />

        <RadioButton
            android:id="@+id/radioButton2"
            android:layout_width="wrap_content"
            android:layout_height="wrap_content"
            android:layout_alignLeft="@+id/radioButton1"
            android:layout_below="@+id/radioButton1"
            android:text="@string/r2Str" />
```

（3）打开 RadioButtonActivity 源程序文件，在该类中增加如下成员变量：

```
RadioButton r1;
RadioButton r2;
String temp1="您选择的是：";
```

然后修改 onCreate 方法，如下所示：

```
protected void onCreate(Bundle savedInstanceState) {
    super.onCreate(savedInstanceState);
    setContentView(R.layout.activity_radio_button);
    r1=(RadioButton)this.findViewById(R.id.radioButton1);
    r2=(RadioButton)this.findViewById(R.id.radioButton2);
    r1.setOnClickListener(new OnClickListener(){

        @Override
        public void onClick(View v) {
            // TODO Auto-generated method stub
            String temp=r1.getText().toString().trim();
            Toast.makeText(RadioButtonActivity.this,temp1+temp, Toast.LENGTH_SHORT).show();
        }

    });
    r2.setOnClickListener(new OnClickListener(){

        @Override
        public void onClick(View v) {
```

```
            // TODO Auto-generated method stub
            String temp=r2.getText().toString().trim();
            Toast.makeText(RadioButtonActivity.this,temp1+temp, Toast.LENGTH_SHORT).show();
        }
    });
}
```

（4）启动模拟器后在 RadioButtonApp 项目上按鼠标右键，选择 Run As→Andriod Application 即可运行，程序运行结果如图 7-12 所示。

图 7-12　RadioButtonApp 运行界面

7.6.2　[引导任务 7-6-2] 使用单选按钮组完成兴趣程序语言的选择

- 任务概述：实现一个选择感兴趣程序语言选择界面，选择了感兴趣的语言后，用 Toast 提示选择结果。
- 实现过程如下：

（1）修改项目 RadioButtonApp。修改 Strings.xml 的内容如下：

```
...
<string name="rgtvStr">您喜欢的语言是</string>
<string name="rg1Str">C++语言</string>
<string name="rg2Str">C#语言</string>
<string name="rg3Str">C 语言</string>
...
```

（2）修改 activity_radio_button.xml 文件中的界面，在设计界面上增加一个 TextView 控件和一个 RadioGroup 控件，并设置好相应的控件属性，内容如下：

```
<RadioGroup
    android:id="@+id/radioGroup1"
    android:layout_width="wrap_content"
    android:layout_height="wrap_content"
    android:layout_alignParentLeft="true"
    android:layout_centerVertical="true"
    android:layout_marginLeft="48dp" >
```

```xml
        <RadioButton
            android:id="@+id/radio0"
            android:layout_width="wrap_content"
            android:layout_height="wrap_content"
            android:checked="true"
            android:text="@string/rg1Str" />

        <RadioButton
            android:id="@+id/radio1"
            android:layout_width="wrap_content"
            android:layout_height="wrap_content"
            android:text="@string/rg2Str" />

        <RadioButton
            android:id="@+id/radio2"
            android:layout_width="wrap_content"
            android:layout_height="wrap_content"
            android:text="@string/rg3Str" />
    </RadioGroup>

    <TextView
        android:id="@+id/textView2"
        android:layout_width="wrap_content"
        android:layout_height="wrap_content"
        android:layout_above="@+id/radioGroup1"
        android:layout_alignLeft="@+id/radioGroup1"
        android:layout_marginBottom="18dp"
        android:text="@string/rgtvStr" />
```

（3）打开 RadioButtonActivity 源程序文件，在该类中增加如下成员变量：

```
RadioButton rg1;
RadioButton rg2;
RadioButton rg3;
    String temp2="您喜欢的语言是";
RadioGroup rg;
```

然后修改 onCreate 方法，如下所示：

```
protected void onCreate(Bundle savedInstanceState) {
    super.onCreate(savedInstanceState);
    setContentView(R.layout.activity_radio_button);
    ...
    rg1=(RadioButton)this.findViewById(R.id.radio0);
    rg2=(RadioButton)this.findViewById(R.id.radio1);
    rg3=(RadioButton)this.findViewById(R.id.radio2);

    rg=(RadioGroup)this.findViewById(R.id.radioGroup1);
    rg.setOnCheckedChangeListener(new RadioGroup.OnCheckedChangeListener() {
```

```
            @Override
            public void onCheckedChanged(RadioGroup group, int checkedId) {
                // TODO Auto-generated method stub
                if(checkedId==rg1.getId()){
                    Toast.makeText(RadioButtonActivity.this,temp2+rg1.getText().toString().trim(),Toast.LENGTH_SHORT).show();
                }else if(checkedId==rg2.getId()){
                    Toast.makeText(RadioButtonActivity.this,temp2+rg2.getText().toString().trim(),Toast.LENGTH_SHORT).show();
                }else if(checkedId==rg3.getId()){
                    Toast.makeText(RadioButtonActivity.this,temp2+rg3.getText().toString().trim(),Toast.LENGTH_SHORT).show();
                }
            }
        });
    }
```

（4）启动模拟器后在 RadioButtonApp 项目上按鼠标右键，选择 Run As→Andriod Application 即可运行，程序运行结果如图 7-13 所示。

图 7-13　RadioButtonApp 运行界面

7.6.3　[引导任务 7-6-3] 使用多选按钮完成兴趣图书的选择

- 任务概述：实现一个可多选的兴趣图书选择界面，选择感兴趣的图书后，用文本控件提示选择结果。
- 实现过程如下：

（1）修改项目 CheckBoxApp。修改 Strings.xml 的内容如下：

```
    …
        <string name="tvStr">你有兴趣语言是：</string>
```

```xml
<string name="cb1Str">C++语言</string>
<string name="cb2Str">C#语言</string>
<string name="cb3Str">C 语言</string>
<string name="btnStr">确定</string>
```
……

（2）修改 activity_ckeck_box.xml 文件中的界面，在设计界面上增加一个 TextView 控件、三个 CheckBox 控件以及一个按钮控件，并设置好相应的控件属性，内容如下：

```xml
<TextView
    android:id="@+id/textView1"
    android:layout_width="wrap_content"
    android:layout_height="wrap_content"
    android:text="@string/tvStr" />

<CheckBox
    android:id="@+id/checkBox1"
    android:layout_width="wrap_content"
    android:layout_height="wrap_content"
    android:layout_alignLeft="@+id/textView1"
    android:layout_below="@+id/textView1"
    android:layout_marginLeft="29dp"
    android:layout_marginTop="25dp"
    android:text="@string/cb1Str" />

<CheckBox
    android:id="@+id/checkBox3"
    android:layout_width="wrap_content"
    android:layout_height="wrap_content"
    android:layout_alignLeft="@+id/checkBox1"
    android:layout_below="@+id/checkBox2"
    android:layout_marginTop="29dp"
    android:text="@string/cb3Str" />

<CheckBox
    android:id="@+id/checkBox2"
    android:layout_width="wrap_content"
    android:layout_height="wrap_content"
    android:layout_alignLeft="@+id/checkBox3"
    android:layout_below="@+id/checkBox1"
    android:layout_marginTop="29dp"
    android:text="@string/cb2Str" />

<Button
    android:id="@+id/button1"
    android:layout_width="wrap_content"
    android:layout_height="wrap_content"
    android:layout_alignLeft="@+id/checkBox3"
```

```
            android:layout_below="@+id/checkBox3"
            android:layout_marginTop="26dp"
            android:text="@string/btnStr" />
```

（3）打开 CkeckBoxActivity 源程序文件，在该类中增加如下成员变量：

```
String flag;
CheckBox cb1;
CheckBox cb2;
CheckBox cb3;
TextView tv;
Button btn;
```

然后修改 onCreate 方法，如下所示：

```
protected void onCreate(Bundle savedInstanceState) {
    super.onCreate(savedInstanceState);
    setContentView(R.layout.activity_ckeck_box);
    tv=(TextView)this.findViewById(R.id.textView1);
    cb1=(CheckBox)this.findViewById(R.id.checkBox1);
    cb2=(CheckBox)this.findViewById(R.id.checkBox2);
    cb3=(CheckBox)this.findViewById(R.id.checkBox3);

    btn=(Button)this.findViewById(R.id.button1);

    btn.setOnClickListener(new OnClickListener(){

        @Override
        public void onClick(View arg0) {
            // TODO Auto-generated method stub
            tv.setText("");
            flag="你有兴趣课程是：";
            if(cb1.isChecked())flag+=cb1.getText().toString().trim();
            if(cb2.isChecked())flag+=cb2.getText().toString().trim();
            if(cb3.isChecked())flag+=cb3.getText().toString().trim();
            tv.setText(flag);
        }


    });
}
```

（4）启动模拟器后在 CheckBoxApp 项目上按鼠标右键，选择 Run As→Andriod Application 即可运行，程序运行结果如图 7-14 所示。

单元 7　Android 用户界面设计

图 7-14　CheckBoxApp 运行界面

7.7　使用对话框控件

对话框就是程序在运行时弹出的一个提示界面。这个提示界面可以提示或显示一些信息。在 Android 中提供了很多不同类型的对话框：警告对话框、进度条对话框、时间和日期对话框、单选和复选按钮对话框。同时还可以自己定义对话框中显示的内容。

7.7.1　[引导任务 7-7-1] 制作一个警示对话框

- 任务概述：实现一个警示对话框，当单击确定按钮后，弹出对话框警示用户。
- 实现过程如下：

（1）建立一个新项目 AlertDialogApp。修改 Strings.xml 的内容如下：
...
<string name="btnStr">确定</string>
...

（2）修改 activity_alert.xml 文件中的界面，在设计界面上增加一个按钮控件，并设置好相应的控件属性，内容如下：
```
<Button
    android:id="@+id/button1"
    android:layout_width="wrap_content"
    android:layout_height="wrap_content"
    android:layout_alignParentLeft="true"
    android:layout_alignParentTop="true"
    android:layout_marginLeft="26dp"
    android:layout_marginTop="16dp"
    android:text="@string/btnStr" />
```

（3）打开 AlertActivity 源程序文件，修改 onCreate 方法，如下所示：
```
protected void onCreate(Bundle savedInstanceState) {
    super.onCreate(savedInstanceState);
```

```java
setContentView(R.layout.activity_alert);
Button btn=(Button)this.findViewById(R.id.button1);
btn.setOnClickListener(new OnClickListener(){

    @Override
    public void onClick(View arg0) {
        // TODO Auto-generated method stub
        new AlertDialog.Builder(AlertActivity.this)
        .setTitle("提示信息")
        .setMessage("测试警示对话框")
        .setPositiveButton("确定", new DialogInterface.OnClickListener() {

            @Override
            public void onClick(DialogInterface arg0, int arg1) {
                // TODO Auto-generated method stub
                Toast.makeText(AlertActivity.this, "开始执行", Toast.LENGTH_SHORT).show();
            }
        }).show();

    }

});
}
```

（4）启动模拟器后在 AlertDialogApp 项目上按鼠标右键，选择 Run As→Andriod Application 即可运行，程序运行结果如图 7-15 所示。

图 7-15 AlertDialogApp 运行界面

7.7.2 [引导任务 7-7-2] 制作一个课程选择对话框（单选）

- 任务概述：在程序主界面上单击"选择"按钮后，弹出单选列表对话框；在单选列表中可进行用户喜好课程的选择，单击某课程后提示相关选择信息；在单击对话框中的"确定"按钮后提示相关选择信息并返回主界面。
- 实现过程如下：

（1）建立一个新项目 RadioDialogApp。修改 Strings.xml 的内容如下：
...
    <string name="tvStr">选择您喜欢的课程</string>
    <string name="btnStr">选择</string>
...

（2）修改 activity_radio_dg.xml 文件中的界面，在设计界面上增加一个文本显示控件和一个按钮控件，并设置好相应的控件属性，内容如下：

```xml
<TextView
    android:id="@+id/textView1"
    android:layout_width="wrap_content"
    android:layout_height="wrap_content"
    android:text="@string/tvStr" />

<Button
    android:id="@+id/button1"
    android:layout_width="wrap_content"
    android:layout_height="wrap_content"
    android:layout_alignLeft="@+id/textView1"
    android:layout_below="@+id/textView1"
    android:layout_marginTop="17dp"
    android:text="@string/btnStr" />
```

（3）在 values 文件夹中增加一个 XML 文件，即 arrays.xml，该文件的内容：

```xml
<?xml version="1.0" encoding="utf-8"?>
<resources>
    <string-array name="kcm">
        <item>Java 程序设计</item>
        <item>Android 应用开发</item>
        <item>数据库应用技术</item>
        <item>物联网应用开发</item>
    </string-array>
</resources>
```

（4）打开 RadioDgActivity 源程序文件，在该类中增加如下所示的成员变量。

```
String str="";
final int LIST_DIALOG_STYLE=0;
```

然后修改 onCreate 方法，如下所示：

```java
protected void onCreate(Bundle savedInstanceState) {
    super.onCreate(savedInstanceState);
    setContentView(R.layout.activity_radio_dg);
    Button btn=(Button)this.findViewById(R.id.button1);
    btn.setOnClickListener(new OnClickListener(){

        @SuppressWarnings("deprecation")
        @Override
```

```
            public void onClick(View arg0) {
                // TODO Auto-generated method stub
                showDialog(LIST_DIALOG_STYLE);
            }

        });
    }
```

(5) 在 RadioDgActivity 类中增加一个方法，该方法覆盖了 onCreateDialog 方法。

```
        public Dialog onCreateDialog(int id){
            Dialog dialog=null;

            switch(id){
            case LIST_DIALOG_STYLE:
                android.app.AlertDialog.Builder bd=new AlertDialog.Builder(this);
                bd.setTitle("请选择课程");
                bd.setSingleChoiceItems(R.array.kcm, 0, new DialogInterface.OnClickListener() {

                    @Override
                    public void onClick(DialogInterface arg0, int arg1) {
                        // TODO Auto-generated method stub
                        str="您选择了："+getResources().getStringArray(R.array.kcm)[arg1];
                        Toast.makeText(RadioDgActivity.this,str , Toast.LENGTH_SHORT).show();
                    }
                });
                bd.setPositiveButton("确定", new DialogInterface.OnClickListener() {

                    @Override
                    public void onClick(DialogInterface arg0, int arg1) {
                        // TODO Auto-generated method stub
                        Toast.makeText(RadioDgActivity.this,str,Toast.LENGTH_SHORT).show();
                    }
                });
                dialog=bd.create();
                break;
            }
            return dialog;
        }
```

(6) 启动模拟器后在 RadioDialogApp 项目上按鼠标右键，选择 Run As→Andriod Application 即可运行，程序运行结果如图 7-16 所示。

7.7.3 [引导任务 7-7-3] 制作一个课程选择对话框（多选）

- 任务概述：在程序主界面上单击"选择"按钮后，弹出多选列表对话框，在多个选项列表中用户可进行喜欢课程的选择。单击某个或某几个课程后提示相关选择信息，再单击对话框中的"确定"按钮，提示相关选择信息并返回主界面。

图 7-16 RadioDialogApp 的运行界面

- 实现过程如下：

（1）建立一个新项目 CheckDialogApp。修改 Strings.xml 的内容如下：

...
    <string name="tvStr">选择您喜欢的课程</string>
    <string name="btnStr">选择</string>
...

（2）修改 activity_check_dg.xml 文件中的界面，在设计界面上增加一个文本显示控件和一个按钮控件，并设置好相应的控件属性，内容如下：

<TextView
    android:id="@+id/textView1"
    android:layout_width="wrap_content"
    android:layout_height="wrap_content"
    android:text="@string/tvStr" />

<Button
    android:id="@+id/button1"
    android:layout_width="wrap_content"
    android:layout_height="wrap_content"
    android:layout_alignLeft="@+id/textView1"
    android:layout_below="@+id/textView1"
    android:layout_marginTop="17dp"
    android:text="@string/btnStr" />

（3）在 values 文件夹中增加一个 XML 文件，即 arrays.xml，该文件的内容如下：

<?xml version="1.0" encoding="utf-8"?>
<resources>
    <string-array name="kcm">
        <item>Java 程序设计</item>

```xml
    <item>Android 应用开发</item>
    <item>数据库应用技术</item>
    <item>物联网应用开发</item>
  </string-array>
</resources>
```

（4）打开 CheckDgActivity 源程序文件，在该类中增加如下所示的成员变量。

```java
final int LIST_DIALOG_STYLE=0;
String[] items=null;
String str;
boolean[] flags=new boolean[]{false,false,false,false};
```

修改 onCreate 方法，结果如下：

```java
protected void onCreate(Bundle savedInstanceState) {
    super.onCreate(savedInstanceState);
    setContentView(R.layout.activity_check_dg);
    items=this.getResources().getStringArray(R.array.kcm);
    Button btn=(Button)this.findViewById(R.id.button1);
    btn.setOnClickListener(new OnClickListener(){

        @Override
        public void onClick(View arg0) {
            // TODO Auto-generated method stub
            showDialog(LIST_DIALOG_STYLE);
        }

    });
}
```

（5）在 CheckDgActivity 类中增加一个方法，该方法覆盖了 onCreateDialog 方法。

```java
public Dialog onCreateDialog(int id){
    Dialog dialog=null;

    switch(id){
    case LIST_DIALOG_STYLE:
        android.app.AlertDialog.Builder bd=new AlertDialog.Builder(this);
        bd.setTitle("请选择课程");
        bd.setMultiChoiceItems(R.array.kcm, flags, new DialogInterface.OnMultiChoiceClickListener() {

            @Override
            public void onClick(DialogInterface arg0, int arg1, boolean arg2) {
                // TODO Auto-generated method stub
                flags[arg1]=arg2;
                str="您选择了：";
                for(int i=0;i<flags.length;i++){
                    if(flags[i])str=str+items[i]+", ";
                }
                Toast.makeText(CheckDgActivity.this,str,Toast.LENGTH_SHORT).show();
            }
```

```
                });
                bd.setPositiveButton("确定", new DialogInterface.OnClickListener() {
                    
                    @Override
                    public void onClick(DialogInterface arg0, int arg1) {
                        // TODO Auto-generated method stub
                        Toast.makeText(CheckDgActivity.this,str, Toast.LENGTH_SHORT).show();
                    }
                });
                dialog=bd.create();
                break;
        }
        return dialog;
    }
```

（6）启动模拟器后在 CheckDialogApp 项目上按鼠标右键，选择 Run As→Andriod Application 即可运行，程序运行结果如图 7-17 所示。

图 7-17　CheckDialogApp 运行界面

7.8　使用列表控件

列表（ListView）在 Android 程序中使用频率相对比较高，很多地方都会使用这个控件，它以一个列表的形式将内容显示出来。但是在使用 ListView 时需要一个适配器（Adapter）类显示需要的内容。表 7-4 所示为 ListView 的一些常用属性。

Spinner 控件也是一种列表类型的控件，它可以极大地提高用户的体验性。该控件可以提供一个下拉列表将所有可选的项列出来，供用户选择。

表 7-4　ListView 的常用属性

属性名	属性说明
android:divider	设置 ListView 中每一项中间的分割线
android:dividerHeight	ListView 中每一项中间的分割线的高度
android:background	指定 ListView 的背景图片或者颜色
android:cacheColorHint	值设为透明（#00000000），防止滑动变化
android:fadeScrollbars	设置这个属性为 true 可以实现滚动条的自动隐藏和显示

7.8.1　[引导任务 7-8-1] 制作一个图书列表

- 任务概述：实现一个图书列表界面，当单击某一本图书时弹出对话框，提示用户选择的图书的详细内容。
- 实现过程如下：

（1）建立一个新项目 ListActivityApp。在 values 文件夹中增加一个 XML 文件，即 arrays.xml，该文件的内容：

```xml
<?xml version="1.0" encoding="utf-8"?>
<resources>
    <string-array name="kcm">
        <item>Java 程序设计</item>
        <item>Android 应用开发</item>
        <item>数据库应用技术</item>
        <item>物联网应用开发</item>
    </string-array>
</resources>
```

（2）打开 CheckDgActivity 源程序文件，在该类中增加如下所示的成员变量。

```java
String[] items=null;
ListView listView;
```

再修改 onCreate 方法，内容如下：

```java
protected void onCreate(Bundle savedInstanceState) {
    // TODO Auto-generated method stub
    super.onCreate(savedInstanceState);
    items=this.getResources().getStringArray(R.array.kcm);
    this.setListAdapter(new ArrayAdapter<String>(this,android.R.layout.simple_list_item_1,items));
    listView=this.getListView();
    listView.setTextFilterEnabled(true);
    
    listView.setOnItemClickListener(new OnItemClickListener(){
        
        @Override
        public void onItemClick(AdapterView<?> arg0, View arg1, int arg2,
                long arg3) {
            // TODO Auto-generated method stub
            String str=(String)listView.getItemAtPosition(arg2);
```

```
                    new AlertDialog.Builder(ListViewActivity.this)
                    .setTitle("课程详情")
                    .setMessage(str)
                    .setPositiveButton("确定", new DialogInterface.OnClickListener() {

                        @Override
                        public void onClick(DialogInterface arg0, int arg1) {
                            // TODO Auto-generated method stub

                        }
                    }).show();
                }

            });
        }
```
（3）启动模拟器后在 ListActivityApp 项目上按鼠标右键，选择 Run As—>Andriod Application 即可运行，程序运行结果如图 7-18 所示。

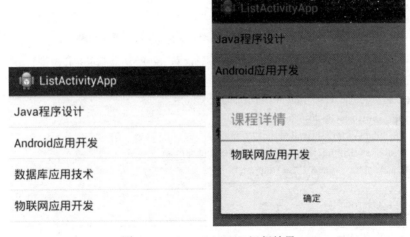

图 7-18　ListActivityApp 运行结果

7.8.2　[引导任务 7-8-2] 制作一个选择图书的下拉列表

- 任务概述：实现一个图书下拉列表界面，当单击某一本图书时弹出对话框提示用户选择图书的详细内容。
- 实现过程如下：

（1）建立一个新项目 SpinnerApp。修改 Strings.xml 文件，内容如下：
```
    ...
        <string name="app_name">SpinnerApp</string>
        <string name="action_settings">Settings</string>
        <string name="tvStr">选择您喜欢的图书</string>
        <string name="kc1Str">Java 程序设计</string>
        <string name="kc2Str">Android 应用开发</string>
```

```xml
<string name="kc3Str">数据库应用技术</string>
<string name="kc4Str">操作系统</string>
```
...

(2) 修改 activity_spinner.xml 界面文件，内容如下：

```xml
...
<TextView
        android:id="@+id/textView1"
        android:layout_width="wrap_content"
        android:layout_height="wrap_content"
        android:text="@string/tvStr" />

<Spinner
        android:id="@+id/spinner1"
        android:layout_width="wrap_content"
        android:layout_height="wrap_content"
        android:layout_alignLeft="@+id/textView1"
        android:layout_below="@+id/textView1"
        android:layout_marginLeft="20dp"
        android:layout_marginTop="35dp" />
...
```

(3) 打开 SpinnerActivity 源程序文件，在该类中增加如下所示的成员变量。

```java
int[] kcIds={R.string.kc1Str,R.string.kc2Str,R.string.kc3Str,R.string.kc4Str,};
```

再修改 onCreate 方法，内容如下：

```java
protected void onCreate(Bundle savedInstanceState) {
    super.onCreate(savedInstanceState);
    setContentView(R.layout.activity_spinner);
    Spinner sp=(Spinner)this.findViewById(R.id.spinner1);
    BaseAdapter ba=new BaseAdapter(){

        @Override
        public int getCount() {
            // TODO Auto-generated method stub
            return kcIds.length;
        }

        @Override
        public Object getItem(int arg0) {
            // TODO Auto-generated method stub

            return null;
        }

        @Override
        public long getItemId(int arg0) {
            // TODO Auto-generated method stub
            return 0;
```

```java
            }
            @Override
            public View getView(int arg0, View arg1, ViewGroup arg2) {
                // TODO Auto-generated method stub
                LinearLayout ll=new LinearLayout(SpinnerActivity.this);
                ll.setOrientation(LinearLayout.HORIZONTAL);
                TextView tvtemp=new TextView(SpinnerActivity.this);
                tvtemp.setText(" "+getResources().getText(kcIds[arg0]));
                tvtemp.setTextSize(18);
                tvtemp.setTextColor(Color.BLACK);
                ll.addView(tvtemp);
                return ll;
            }
        };

        sp.setAdapter(ba);
        sp.setOnItemSelectedListener(new OnItemSelectedListener(){

            @Override
            public void onItemSelected(AdapterView<?> arg0, View arg1,
                    int arg2, long arg3) {
                // TODO Auto-generated method stub
                LinearLayout ll=(LinearLayout)arg1;

                TextView tvn=(TextView)ll.getChildAt(0);//LinearLayout 中 TextView 加入的位置当前为 0
                if(tvn!=null)
                Toast.makeText(SpinnerActivity.this, "您选择的图书是："+tvn.getText().toString().trim(),
Toast.LENGTH_SHORT).show();
            }

            @Override
            public void onNothingSelected(AdapterView<?> arg0) {
                // TODO Auto-generated method stub

            }

        });
    }
```

（4）启动模拟器后在 SpinnerApp 项目上按鼠标右键，选择 Run As→Andriod Application 即可运行，程序运行结果如图 7-19 所示。

图 7-19 SpinnerApp 运行结果

7.9 使用选项卡控件

选项卡是通过 TabHost 和 TabActivity 一起实现的，TabHost 是 Android 中很常用的布局之一，它的标签可以有文本和文本图片两种样式，单击不同标签还可以切换标签。

[引导任务 7-9-1] 制作一个分类图书界面

- 任务概述：实现一个图书分类选项卡界面，当单击某一图书分类时，出现对应类别图书的列表信息。
- 实现过程如下：

（1）建立一个新项目 TabHostApp。修改 activity_tab_host.xml 文件内容，如下所示：

```xml
<FrameLayout xmlns:android="http://schemas.android.com/apk/res/android"
    xmlns:tools="http://schemas.android.com/tools"
    android:layout_width="fill_parent"
    android:layout_height="fill_parent"
    tools:context=".TabHostActivity" >

    <LinearLayout
        android:id="@+id/tabComputer"
        android:layout_width="fill_parent"
        android:layout_height="fill_parent"
        android:orientation="vertical" >

        <TextView
            android:id="@+id/textView1"
            android:layout_width="wrap_content"
            android:layout_height="wrap_content"/>

    </LinearLayout>

    <LinearLayout
        android:id="@+id/tabElec"
```

```
            android:layout_width="fill_parent"
            android:layout_height="fill_parent"
            android:orientation="vertical" >

            <TextView
                android:id="@+id/textView2"
                android:layout_width="wrap_content"
                android:layout_height="wrap_content"/>

        </LinearLayout>

        <LinearLayout
            android:id="@+id/tabCar"
            android:layout_width="fill_parent"
            android:layout_height="fill_parent"
            android:orientation="vertical" >

            <TextView
                android:id="@+id/textView3"
                android:layout_width="wrap_content"
                android:layout_height="wrap_content"/>

        </LinearLayout>

    </FrameLayout>
```

（2）打开 TabHostActivity 源程序文件，修改该类的父类为 TabActivity，并自动生成覆盖方法 onTabChanged，同时实现接口 OnTabChangeListener。

（3）在 TabHostActivity 类中修改 onCreate 方法，内容如下：

```java
protected void onCreate(Bundle savedInstanceState) {
    super.onCreate(savedInstanceState);
    TabHost tabHost=this.getTabHost();
    LayoutInflater.from(this).inflate(R.layout.activity_tab_host, tabHost.getTabContentView(),true);
    TabSpec  tabComputer=tabHost.newTabSpec("computer").setIndicator("计算机",this.getResources().getDrawable(R.drawable.ic_launcher)).setContent(R.id.tabComputer);
    tabHost.addTab(tabComputer);
    TabSpec  tabElec=tabHost.newTabSpec("elec").setIndicator("电子",this.getResources(). getDrawable(R.drawable.ic_launcher)).setContent(R.id.tabElec);
    tabHost.addTab(tabElec);
    TabSpec  tabCar=tabHost.newTabSpec("car").setIndicator(" 汽 车 ",this.getResources().getDrawable(R.drawable.ic_launcher)).setContent(R.id.tabCar);
    tabHost.addTab(tabCar);
    tabHost.setOnTabChangedListener(this);
    this.onTabChanged("computer");
}
```

（4）在 TabHostActivity 类中修改 onTabChanged 方法，内容如下：

```java
public void onTabChanged(String arg0) {
```

```
            // TODO Auto-generated method stub
            if(arg0.equals("computer")){
                TextView tv1=(TextView)this.findViewById(R.id.textView1);
                tv1.setText("计算机类图书");
            }
            if(arg0.equals("elec")){
                TextView tv2=(TextView)this.findViewById(R.id.textView2);
                tv2.setText("电子类图书");
            }
            if(arg0.equals("car")){
                TextView tv3=(TextView)this.findViewById(R.id.textView3);
                tv3.setText("汽车类图书");
            }
        }
```

（5）启动模拟器后在 TabHostApp 项目上按鼠标右键，选择 Run As→Andriod Application 即可运行，程序运行结果如图 7-20 所示。

图 7-20　TabHostApp 运行结果

7.10　使用进度条控件

在 Android 系统中有两种进度条：一种是圆形进度条；另一种是方形进度条。进度条的用处很多，如在登录时，有可能比较慢，可以通过进度条进行提示，同时也可以对窗口设置进度条。

7.10.1　[引导任务 7-10-1] 制作一个模拟调节音量大小的程序

- 任务概述：实现模拟调节音量大小的程序，当拉动到某一位置时，显示该位置的进度内容。
- 实现过程如下：

（1）建立一个新项目 SeekBarApp。修改 Strings.xml 文件内容，如下所示：

```
    ...
        <string name="seekStr">声音大小：0</string>
    ...
```

（2）打开 activity_seek_bar.xml 文件并修改其内容如下：

```
    <TextView
        android:id="@+id/textView1"
        android:layout_width="wrap_content"
```

```
                android:layout_height="wrap_content"
                android:text="@string/seekStr" />

            <SeekBar
                android:id="@+id/seekBar1"
                android:layout_width="match_parent"
                android:layout_height="wrap_content"
                android:layout_alignParentLeft="true"
                android:layout_below="@+id/textView1"
                android:layout_marginTop="54dp" />
```

（3）打开 SeekBarActivity 类，为该类增加如下成员变量：

```
final static double MAX=100;
SeekBar sb;
TextView tv;
```

然后修改该类的 onCreate 方法，程序如下：

```
protected void onCreate(Bundle savedInstanceState) {
    super.onCreate(savedInstanceState);
    setContentView(R.layout.activity_seek_bar);
    sb=(SeekBar)this.findViewById(R.id.seekBar1);
    tv=(TextView)this.findViewById(R.id.textView1);
    sb.setOnSeekBarChangeListener(new OnSeekBarChangeListener(){

        @Override
        public void onProgressChanged(SeekBar arg0, int arg1, boolean arg2) {
            // TODO Auto-generated method stub
            tv.setText("声音大小："+(int)sb.getProgress());
        }

        @Override
        public void onStartTrackingTouch(SeekBar arg0) {
            // TODO Auto-generated method stub

        }

        @Override
        public void onStopTrackingTouch(SeekBar arg0) {
            // TODO Auto-generated method stub

        }

    });
}
```

（4）启动模拟器后在 SeekBarApp 项目上按鼠标右键，选择 Run As→Andriod Application 即可运行，程序运行结果如图 7-21 所示。

图 7-21　SeekBarApp 运行结果

7.10.2　[引导任务 7-10-2] 制作一个图书评价打分程序

- 任务概述：实现图书评价打分程序，当拉动到某一位置时，显示该位置的评分信息。
- 实现过程如下：

(1) 建立一个新项目 RatingBarApp。修改 Strings.xml 文件内容，如下所示：

```
...
    <string name="tvStr">请为图书打分</string>
...
```

(2) 打开 activity_rating_bar.xml 文件并修改其内容如下：

```
<TextView
    android:id="@+id/textView1"
    android:layout_width="wrap_content"
    android:layout_height="wrap_content"
    android:text="@string/tvStr" />

<RatingBar
    android:id="@+id/ratingBar1"
    android:layout_width="wrap_content"
    android:layout_height="wrap_content"
    android:layout_alignLeft="@+id/textView1"
    android:layout_below="@+id/textView1"
    android:layout_marginTop="38dp" />
```

(3) 打开 RatingBarActivity 类，为该类增加如下成员变量：

```
RatingBar rb;
```

然后修改该类的 onCreate 方法，程序如下：

```
protected void onCreate(Bundle savedInstanceState) {
    super.onCreate(savedInstanceState);
    setContentView(R.layout.activity_rating_bar);
    rb=(RatingBar)this.findViewById(R.id.ratingBar1);
    rb.setOnRatingBarChangeListener(new OnRatingBarChangeListener(){

        @Override
        public void onRatingChanged(RatingBar arg0, float arg1, boolean arg2) {
            // TODO Auto-generated method stub
            String temp="您为该课程打的分是："+(float)rb.getRating()+"分";
```

Toast.makeText(RatingBarActivity.this,temp, Toast.LENGTH_SHORT).show();
            }
        });
    }

（4）启动模拟器后在 RatingBarApp 项目上按鼠标右键，选择 Run As→Andriod Application 即可运行，程序运行结果出如图 7-22 所示。

图 7-22　RatingBarApp 运行结果

7.11　WebView 的使用

[引导任务 7-11-1] 制作一个简单的浏览器

- 任务概述：制作一个简单的浏览器，能完成指定网页的浏览。
- 实现过程如下：

（1）新建一个项目 WebViewApp。
（2）修改 String.xml 文件内容，结果如下所示：
　　…
　　　　<string name="urlStr">请输入网址</string>
　　　　<string name="webview">WebView</string>
　　…
（3）修改 activity_main.xml 文件内容，结果如下所示：
　　　　<RelativeLayout xmlns:android="http://schemas.android.com/apk/res/android"
　　　　　　xmlns:tools="http://schemas.android.com/tools"
　　　　　　android:layout_width="match_parent"
　　　　　　android:layout_height="match_parent"
　　　　　　android:paddingBottom="@dimen/activity_vertical_margin"

```xml
        android:paddingLeft="@dimen/activity_horizontal_margin"
        android:paddingRight="@dimen/activity_horizontal_margin"
        android:paddingTop="@dimen/activity_vertical_margin"
        tools:context=".MainActivity" >

        <TextView
            android:id="@+id/textView2"
            android:layout_width="wrap_content"
            android:layout_height="wrap_content"
            android:text="@string/urlStr" />

        <EditText
            android:id="@+id/etUrl"
            android:layout_width="fill_parent"
            android:layout_height="wrap_content"
            android:layout_below="@+id/textView2"
            android:layout_marginTop="21dp"
            android:text="http://www.hycollege.net" />

        <ScrollView
            android:id="@+id/scrollView1"
            android:layout_width="wrap_content"
            android:layout_height="wrap_content"
            android:layout_alignLeft="@+id/button1"
            android:layout_alignRight="@+id/etUrl"
            android:layout_below="@+id/button1"
            android:layout_marginTop="25dp" >

            <WebView
                android:id="@+id/webView1"
                android:layout_width="match_parent"
                android:layout_height="match_parent" />

        </ScrollView>

        <Button
            android:id="@+id/button1"
            android:layout_width="wrap_content"
            android:layout_height="wrap_content"
            android:layout_alignLeft="@+id/etUrl"
            android:layout_below="@+id/etUrl"
            android:layout_marginTop="16dp"
            android:text="@string/webview" />

    </RelativeLayout>
```

（4）打开 MainActivity 源程序文件，为该类增加以下成员变量：

Button btnweb;
Button btnact;
WebView wv;
EditText eturl;

（5）在 MainActivity 类中修改 onCreate 方法，内容如下：

```
protected void onCreate(Bundle savedInstanceState) {
    super.onCreate(savedInstanceState);
    setContentView(R.layout.activity_main);
    btnweb=(Button)this.findViewById(R.id.button1);
    wv=(WebView)this.findViewById(R.id.webView1);
    eturl=(EditText)this.findViewById(R.id.etUrl);
    btnweb.setOnClickListener(new OnClickListener(){

        @Override
        public void onClick(View arg0) {
            // TODO Auto-generated method stub
            String weburl=eturl.getText().toString().trim();
            wv.loadUrl(weburl);
        }

    });

}
```

（6）在 AndroidManifest.xml 文件中开启网络访问权限，如下所示：

...
    <uses-permission android:name="android.permission.INTERNET"/>
...

（7）启动 Android 模拟器，在 WebViewApp 项目上按鼠标右键，选择 Run As→Andriod Application 即可运行，程序运行结果如图 7-23 所示。

图 7-23　WebViewApp 运行结果

7.12 训练任务

（1）制作一个游戏用户登录界面，要求输入用户名、密码，单击"提交"按钮后用 Toast 提示用户级别（级别自己设定）。

（2）制作一个图书信息录入界面，要求包括图书的书名、单价、作者、出版社、出版时间、图书 ISBN 等信息。

（3）制作一个简单的计算器，完成 0～9 数字的按键输入，完成加、减、乘、除等运算，并将信息显示在文本框中。程序还应包括等于按钮、清空按钮及相关操作。

（4）完善引导任务 7-9-1，使得每一个选项卡中能显示相应图书类别的数据列表。

单元 8 Android 交互式通信程序设计

1. 工作任务
（1）页面切换。
（2）页面间信息交互。
（3）制作进度条对话框。
（4）制作服务程序。
（5）设计电话服务程序。
2. 学习目标
（1）学会使用 Activity 组件。
（2）学会使用 Intent 类与 Bundle 类。
（3）学会使用 Handler 类。
（4）学会使用 Service 组件。

8.1 引导资料

8.1.1 多线程简介

线程（Thread）又称为轻量级进程，它和进程一样拥有独立的执行控制，由操作系统负责调度。二者的区别在于线程没有独立的存储空间，而是和所属进程中的其他线程共享一个存储空间，这使得线程间的通信要比进程简单。

多线程是这样一种机制，它允许在程序中并发执行多个指令流，每个指令流都称为一个线程，彼此间互相独立。多线程的目的是为了最大限度地利用 CPU 资源。

多个线程的执行是并发的，也就是说在逻辑上"同时"而不管是否是物理上的"同时"。如果系统只有一个 CPU，那么真正的"同时"是不可能的，但是由于 CPU 的运行速度非常快，用户感觉不到其中的差别。

多线程和传统的单线程在程序设计上最大的区别在于，由于各个线程的控制流彼此独立，使得各个线程之间的代码是乱序执行的，因此将有线程调度、同步等问题要进行设计。

Java 的一大特性就是内置的线程支持。JVM（Java 虚拟机）将不同的操作系统中的多线程的实现抽象化了，用 Java 编写线程的过程在任何操作系统上都是一样的。

8.1.2 线程的生存周期

每个线程的生存周期都要经历这样五个基本的生存状态，即创建、可执行、运行、阻塞和消亡。

（1）创建状态：线程已被创建但尚未执行。
（2）可执行状态：线程处于可运行状态，只要得到 CPU 调度，该线程即可执行。

（3）消亡状态：线程结束时，进入死亡状态。
（4）阻塞状态：线程不会被分配 CPU 时间，无法执行。
（5）运行状态：线程得到了调度，正在执行。

整个过程的简单描述如图 8-1 所示。

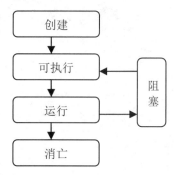

图 8-1　线程的生存周期

8.1.3　Java 中线程的创建

在 Java 中，可通过继承 Thread 类或实现 Runnable 接口来实现多线程。

1. 通过继承 Thread 类实现多线程

类 Thread 中有两个重要的方法 run()和 start()。

（1）run()方法必须进行覆写，把要在多个线程中并行处理的代码放到这个函数中。

（2）虽然 run()方法实现了多个线程的并行处理，但我们不能直接调用 run()方法，而是通过调用 start()方法来调用 run()方法。在调用 start()方法的时候，start()方法会首先进行与多线程相关的初始化，然后调用 run()方法。

[辅助示例 8-1] 通过继承 Thread 类实现多线程。

```java
package ch08;

public class TestThread1 extends Thread {
    private int count=1;
    private int number;
    TestThread1(int num){
        number = num;
        System.out.println("创建线程 " + number);
    }
    public void run() {
        while(true) {
            System.out.println("线程 " + number + "：计数 " + count);
            if(++count== 6) return;
        }
    }
    public static void main(String args[]){
        for(int i = 0;i <5; i++) new TestThread1(i+1).start();
    }
}
```

2. 通过实现 Runnable 接口实现多线程

如果有一个类，它已继承了某个类，那就可以通过实现 Runnable 接口来实现多线程。

（1）Runnable 接口只有一个 run()函数。

（2）把一个实现了 Runnable 接口的对象作为参数产生一个 Thread 对象，再调用 Thread 对象的 start()方法就可执行并行操作。如果在产生一个 Thread 对象时以一个 Runnable 接口的实现类的对象作为参数，那么在调用 start()方法时，start()会调用 Runnable 接口的实现类中的 run()方法。

[辅助示例 8-2] 通过实现 Runnable 接口实现多线程。

```
package ch08;

public class TestThread2 implements Runnable{
    private int count=1;
    private int number;
    TestThread2(int num){
        number = num;
        System.out.println("创建线程 " + number);
    }
    public void run() {
        while(true) {
            System.out.println("线程 " + number + "：计数 " + count);
            if(++count== 6) return;
        }
    }
    public static void main(String args[]){
        for(int i = 0;i <5; i++) new Thread(new TestThread2(i+1)).start();
    }
}
```

8.2　Activity 组件

Activity 是 Android 程序的四大组件之一。Activity 是 Android 程序的表示层。程序的每一个显示屏幕就是一个 Activity。Activity 的生命周期不是自身控制的，而是由 Android 系统控制的。Activity 的生命周期如图 8-2 所示，大致过程如下：

（1）启动 Activity。系统会先调用 onCreate 方法，这是生命周期第一个方法，然后调用 onStart 方法，最后调用 onResume 方法，Activity 进入运行状态。

（2）当前 Activity 被其他 Activity 覆盖或被锁屏时，系统会调用 onPause 方法，暂停当前 Activity 的执行。

（3）当前 Activity 由被覆盖状态回到前台或解锁屏，系统会调用 onResume 方法，再次进入运行状态。

（4）当前 Activity 转到新的 Activity 界面或按 Home 键回到主屏时，系统会先调用 onPause 方法，然后调用 onStop 方法，进入停滞状态。

（5）用户后退回到此 Activity 时，系统会先调用 onRestart 方法，然后调用 onStart 方法，最后调用 onResume 方法，再次进入运行状态。

（6）当内存资源不足时，会杀死处于 onPause 或 onStop 的 Activity 所在的进程，需再次调用 onCreate 方法。

（7）用户退出当前 Activity 时，系统先调用 onPause 方法，然后调用 onStop 方法，最后调用 onDestory 方法，结束当前 Activity。

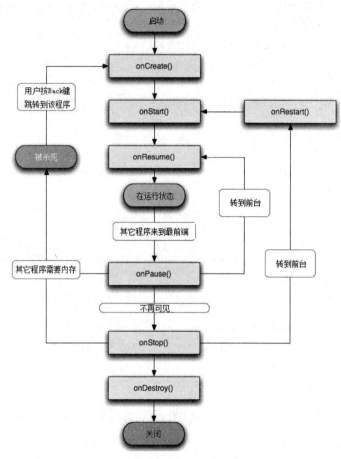

图 8-2 Activity 的生命周期

每个 Activity 在其生命周期中最多可能会有四种状态。

（1）Running（运行状态）。位于屏幕最前端时，此时处于可见状态，和用户可交互的状态。

（2）Paused（暂停状态）。当 Acitivy 被另一个透明的或者非全屏的 Activity 覆盖时的状态叫 Paused 状态，虽然可见但不可交互。

（3）Stop（停止状态）。当 Activity 被另外一个 Activity 覆盖、界面不可见时处于 Stop 状态。

（4）Killed（销毁状态）。Activity 被系统杀死或者跟本没启动时就是 Killed 状态。

[引导任务 8-2-1] 页面切换

- 任务概述：实现一个程序，在第一个界面中输入用户名及密码后跳转到主程序界面。
- 实现过程如下：

（1）新建一个项目 SetCview。

（2）修改 String.xml 文件内容，结果如下所示：

```
...
<string name="uName">用户名：</string>
<string name="uPassword">密 码：</string>
<string name="btnOk">确定</string>
<string name="btnCancel">取消</string>
<string name="welcome">欢迎来到图书商城</string>
......
```

（3）修改 activity_main.xml 文件内容，结果如下所示：

```xml
<LinearLayout xmlns:android="http://schemas.android.com/apk/res/android"
    xmlns:tools="http://schemas.android.com/tools"
    android:layout_width="match_parent"
    android:layout_height="match_parent"
    android:orientation="vertical"
    android:paddingBottom="@dimen/activity_vertical_margin"
    android:paddingLeft="@dimen/activity_horizontal_margin"
    android:paddingRight="@dimen/activity_horizontal_margin"
    android:paddingTop="@dimen/activity_vertical_margin"
    tools:context=".MainActivity" >

    <LinearLayout
        android:layout_width="match_parent"
        android:layout_height="wrap_content"
        android:layout_marginLeft="14dp"
        android:layout_marginTop="20dp"
        android:orientation="horizontal" >

        <TextView
            android:id="@+id/textView1"
            android:layout_width="wrap_content"
            android:layout_height="wrap_content"
            android:text="@string/uName" />

        <EditText
            android:id="@+id/editText1"
            android:layout_width="match_parent"
            android:layout_height="wrap_content" >

            <requestFocus />
```

```xml
        </EditText>

    </LinearLayout>

    <LinearLayout
        android:layout_width="match_parent"
        android:layout_height="wrap_content"
        android:layout_marginLeft="14dp"
        android:layout_marginTop="20dp"
        android:orientation="horizontal" >

        <TextView
            android:id="@+id/textView2"
            android:layout_width="wrap_content"
            android:layout_height="wrap_content"
            android:text="@string/uPassword" />

        <EditText
            android:id="@+id/editText2"
            android:layout_width="match_parent"
            android:layout_height="wrap_content" >

            <requestFocus />
        </EditText>

    </LinearLayout>

    <LinearLayout
        android:layout_width="match_parent"
        android:layout_height="wrap_content"
        android:layout_marginLeft="14dp"
        android:layout_marginTop="20dp"
        android:orientation="horizontal" >

        <Button
            android:id="@+id/button1"
            android:layout_width="wrap_content"
            android:layout_height="wrap_content"
            android:text="@string/btnOk" />

        <Button
            android:id="@+id/button2"
            android:layout_width="wrap_content"
            android:layout_height="wrap_content"
            android:text="@string/btnCancel" />
```

        </LinearLayout>
    </LinearLayout>
（4）在 layout 文件夹中新建 other.xml，并修改该文件内容，结果如下所示：
```
<LinearLayout xmlns:android="http://schemas.android.com/apk/res/android"
    xmlns:tools="http://schemas.android.com/tools"
    android:layout_width="match_parent"
    android:layout_height="match_parent"
    android:orientation="vertical"
    android:paddingBottom="@dimen/activity_vertical_margin"
    android:paddingLeft="@dimen/activity_horizontal_margin"
    android:paddingRight="@dimen/activity_horizontal_margin"
    android:paddingTop="@dimen/activity_vertical_margin">

    <TextView
        android:id="@+id/textView3"
        android:layout_width="wrap_content"
        android:layout_height="wrap_content"
        android:text="@string/welcome" />
</LinearLayout>
```
（5）修改 MainActivity 类文件，在该类中增加如下所示的成员变量。
```
EditText et1;
EditText et2;
```
然后修改 onCreate 方法的内容，结果如下所示：
```
protected void onCreate(Bundle savedInstanceState) {
    super.onCreate(savedInstanceState);
    setContentView(R.layout.activity_main);
    et1=(EditText)this.findViewById(R.id.editText1);
    et2=(EditText)this.findViewById(R.id.editText2);
    Button btnok=(Button)this.findViewById(R.id.button1);
    Button btncancel=(Button)this.findViewById(R.id.button2);
    btnok.setOnClickListener(new OnClickListener(){

        @Override
        public void onClick(View arg0) {
            // TODO Auto-generated method stub
            String uname=et1.getText().toString().trim();
            String upassword=et2.getText().toString().trim();
            if(uname.equals("")||upassword.equals("")){

                Toast.makeText(MainActivity.this, "用户名或密码不能为空", Toast.LENGTH_SHORT).show();
            }else{
                setContentView(R.layout.other);
            }
        }
```

```
    });
            btncancel.setOnClickListener(new OnClickListener(){

                @Override
                public void onClick(View arg0) {
                    // TODO Auto-generated method stub
                    et1.setText("");
                    et2.setText("");
                }

            });
    }
```

（6）启动模拟器后在 SetCview 项目上按鼠标右键，选择 Run As→Andriod Application 即可运行，程序运行结果出如图 8-3 所示。

图 8-3　SetCview 运行结果

8.3　Intent 与 Bundle

Android 中提供了 Intent 机制来协助应用间的交互与通信，Intent 负责对应用中一次操作的动作、动作涉及数据、附加数据进行描述。Android 则根据此 Intent 的描述，负责找到对应的组件，将 Intent 传递给调用的组件，并完成组件的调用。Intent 不仅可用于应用程序之间，也可用于应用程序内部的 Activity/Service 之间的交互。因此，Intent 在这里起到一个媒体中介的作用，专门提供组件互相调用的相关信息，实现调用者与被调用者之间的解耦。在 SDK 中给出的 Intent 作用的表现形式为：

- 通过 Context.startActivity()或 Activity.startActivityForResult() 启动一个 Activity。
- 通过 Context.startService()启动一个服务，或者通过 Context.bindService()与后台服务交互。
- 通过广播方法（如 Context.sendBroadcast()，Context.sendOrderedBroadcast()，Context. sendStickyBroadcast()）发给广播接收器（Broadcast Receivers）。

Bundle 类是一个 final 类，是一个存储和管理 key-value 对的类，多应用于 Activity 之间相互传递值。

[引导任务 8-3-1] 页面间信息交互

- 任务概述：实现一个程序，在第一个 Activity 程序中单击按钮后，能将该界面的用户数据提交给第二个 Activity 程序处理；在第二个 Activity 程序处理完成后，按 "返回" 键后在第一个 Activity 程序中能接受到返回数据。
- 实现过程如下：

（1）新建一个项目 IntentApp，同时建立两个 Activity 程序，名称分别为 FirstActivity 和 SecondActivity。

（2）修改 String.xml 文件内容，结果如下所示：

```
...
    <string name="tvStr">请推荐您喜欢的图书：</string>
    <string name="etStr1">图书名称：</string>
    <string name="etStr2">出版社：</string>
    <string name="btnStr">确定</string>
    <string name="title_activity_second">SecondActivity</string>
    <string name="btnBack">返回</string>
...
```

（3）修改 activity_first.xml 文件内容，结果如下所示：

```
<RelativeLayout xmlns:android="http://schemas.android.com/apk/res/android"
    xmlns:tools="http://schemas.android.com/tools"
    android:layout_width="match_parent"
    android:layout_height="match_parent"
    android:paddingBottom="@dimen/activity_vertical_margin"
    android:paddingLeft="@dimen/activity_horizontal_margin"
    android:paddingRight="@dimen/activity_horizontal_margin"
    android:paddingTop="@dimen/activity_vertical_margin"
    tools:context=".FirstActivity" >

    <TextView
        android:id="@+id/textView2"
        android:layout_width="wrap_content"
        android:layout_height="wrap_content"
        android:text="@string/tvStr" />

    <TextView
        android:id="@+id/textView1"
        android:layout_width="wrap_content"
        android:layout_height="wrap_content"
        android:layout_alignLeft="@+id/textView2"
        android:layout_below="@+id/textView2"
        android:layout_marginTop="24dp"
        android:text="@string/etStr1" />

    <TextView
```

```xml
            android:id="@+id/textView3"
            android:layout_width="wrap_content"
            android:layout_height="wrap_content"
            android:layout_alignLeft="@+id/textView1"
            android:layout_below="@+id/textView1"
            android:layout_marginTop="32dp"
            android:text="@string/etStr2" />

        <EditText
            android:id="@+id/editText2"
            android:layout_width="wrap_content"
            android:layout_height="wrap_content"
            android:layout_alignBaseline="@+id/textView3"
            android:layout_alignBottom="@+id/textView3"
            android:layout_toRightOf="@+id/textView3"
            android:ems="10" />

        <EditText
            android:id="@+id/editText1"
            android:layout_width="wrap_content"
            android:layout_height="wrap_content"
            android:layout_alignBottom="@+id/textView1"
            android:layout_alignLeft="@+id/editText2"
            android:ems="10" />

        <Button
            android:id="@+id/button1"
            android:layout_width="wrap_content"
            android:layout_height="wrap_content"
            android:layout_alignLeft="@+id/textView3"
            android:layout_below="@+id/editText2"
            android:layout_marginTop="36dp"
            android:text="@string/btnStr" />

    </RelativeLayout>
```

（4）修改 activity_second.xml 文件内容，结果如下所示：

```xml
<RelativeLayout xmlns:android="http://schemas.android.com/apk/res/android"
    xmlns:tools="http://schemas.android.com/tools"
    android:layout_width="match_parent"
    android:layout_height="match_parent"
    android:paddingBottom="@dimen/activity_vertical_margin"
    android:paddingLeft="@dimen/activity_horizontal_margin"
    android:paddingRight="@dimen/activity_horizontal_margin"
    android:paddingTop="@dimen/activity_vertical_margin"
    tools:context=".SecondActivity" >
```

```
            <TextView
                android:id="@+id/textView4"
                android:layout_width="wrap_content"
                android:layout_height="wrap_content" />

            <Button
                android:id="@+id/button2"
                android:layout_width="wrap_content"
                android:layout_height="wrap_content"
                android:layout_alignLeft="@+id/textView1"
                android:layout_below="@+id/textView1"
                android:layout_marginTop="141dp"
                android:text="@string/btnBack" />

    </RelativeLayout>
```

(5) 打开 FirstActivity 源程序文件，在 onCreate 方法中增加如下程序语句：
```
    protected void onCreate(Bundle savedInstanceState) {
        super.onCreate(savedInstanceState);
        setContentView(R.layout.activity_first);

        final EditText tsmcTxt=(EditText)this.findViewById(R.id.editText1);
        final EditText cbsTxt=(EditText)this.findViewById(R.id.editText2);
        Button btnOk=(Button)this.findViewById(R.id.button1);
        btnOk.setOnClickListener(new OnClickListener(){

            @Override
            public void onClick(View arg0) {
                // TODO Auto-generated method stub
                String tsmc=tsmcTxt.getText().toString().trim();
                String cbs=cbsTxt.getText().toString().trim();
                Intent intent =new Intent();
                intent.setClass(FirstActivity.this, SecondActivity.class);
                Bundle bundle=new Bundle();
                bundle.putString("tsmc", tsmc);
                bundle.putString("cbs", cbs);
                intent.putExtras(bundle);
                startActivity(intent);
                    //FirstActivity.this.finish();      //返回数据时不要
            }

        });
    }
```
(6) 生成覆盖方法 onActivityResult，编写程序内容如下：
```
    protected void onActivityResult(int requestCode, int resultCode, Intent data) {
        // TODO Auto-generated method stub
        switch(resultCode){
```

```
            case RESULT_OK:
                Bundle bundle=data.getExtras();
                String tsmc=bundle.getString("tsmc");
                String cbs=bundle.getString("cbs");
                EditText tsmcTxtbk=(EditText)this.findViewById(R.id.editText1);
                EditText cbsTxtbk=(EditText)this.findViewById(R.id.editText2);
                tsmcTxtbk.setText(tsmc);
                cbsTxtbk.setText(cbs);
                break;
        }
    }
```

（7）打开 SecondActivity 源程序文件，在 onCreate 方法中增加如下程序语句：

```
    protected void onCreate(Bundle savedInstanceState) {
        super.onCreate(savedInstanceState);
        setContentView(R.layout.activity_second);
        TextView tv=(TextView)this.findViewById(R.id.textView4);
        Button btnBack=(Button)this.findViewById(R.id.button2);

        Bundle bundle=this.getIntent().getExtras();
        String tsmc=bundle.getString("tsmc");
        String cbs=bundle.getString("cbs");
        StringBuilder sb=new StringBuilder();
        sb.append("图书名称是： "+tsmc+"\n");
        sb.append("出版社是："+cbs+"\n");
          tv.setText(sb.toString().trim());

        btnBack.setOnClickListener(new OnClickListener(){

            @Override
            public void onClick(View arg0) {
                // TODO Auto-generated method stub

                /*
                 * 不设置返回数据
                Intent intent =new Intent();
                  intent.setClass(SecondActivity.this, FirstActivity.class);
                  startActivity(intent);*/
                SecondActivity.this.setResult(RESULT_OK,SecondActivity.this.getIntent());//设置返回数据
                SecondActivity.this.finish();
            }

        });
    }
```

（8）启动 Android 模拟器。在 IntentApp 项目上按鼠标右键，选择 Run As→Andriod Application 即可运行，程序运行结果如图 8-4 所示。

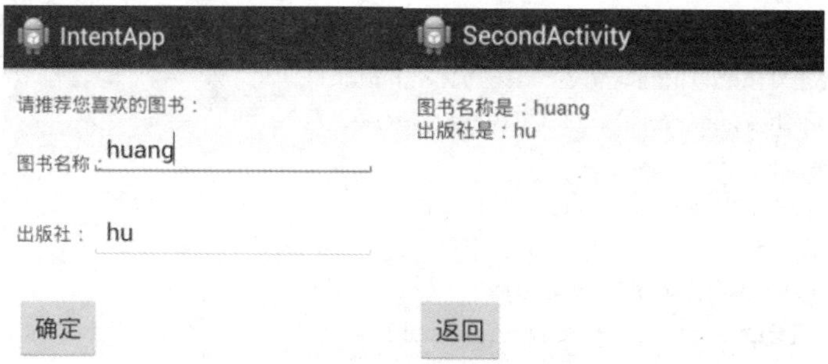

图 8-4　IntentApp 运行结果

8.4　Handler

Handler 主要用于异步消息的处理。当发出一个消息之后，首先进入一个消息队列，发送消息的函数即刻返回；而另外一个部分逐个的在消息队列中将消息取出，然后将消息发送出来。即发送消息和接收消息不是同步的处理，这种机制通常用来处理相对耗时比较长的操作。

[引导任务 8-4-1] 制作一个进度条对话框程序

- 任务概述：实现一个进度条对话框程序，当单击确定按钮时，动态模拟当前进度情况。
- 实现过程如下：

（1）建立一个新项目 ProgressDialogApp，修改 Strings.xml 文件内容，如下所示：
...
　　　　<string name="btnStr">确定</string>
...

（2）打开 activity_progress_dg.xml 文件并修改其内容如下：
```
<Button
    android:id="@+id/button1"
    android:layout_width="wrap_content"
    android:layout_height="wrap_content"
    android:layout_alignParentLeft="true"
    android:layout_alignParentTop="true"
    android:layout_marginLeft="26dp"
    android:layout_marginTop="16dp"
    android:text="@string/btnStr" />
```

（3）打开 ProgressDgActivity 类，为该类增加如下成员变量：
```
final int PROGRESS_DIALOG=0;
final int INCREASE=0;
ProgressDialog pd;
Handler hd;
```
然后修改该类的 onCreate 方法，程序如下：
```
protected void onCreate(Bundle savedInstanceState) {
    super.onCreate(savedInstanceState);
```

```java
        setContentView(R.layout.activity_progress_dg);
        Button btn=(Button)this.findViewById(R.id.button1);
        btn.setOnClickListener(new OnClickListener(){

            @SuppressWarnings("deprecation")
            @Override
            public void onClick(View arg0) {
                // TODO Auto-generated method stub

                showDialog(PROGRESS_DIALOG);
            }

        });
        hd=new Handler(){
            @Override
            public void handleMessage(Message msg){
                super.handleMessage(msg);
                switch(msg.what){
                case INCREASE:pd.incrementProgressBy(1);
                    if(pd.getProgress()>=100){
                        pd.dismiss();
                    }
                    break;
                }
            }
        };
    }
```

（4）修改覆盖方法 onCreateDialog，内容如下：

```java
    public Dialog onCreateDialog(int id){
            switch(id){
            case PROGRESS_DIALOG:
                pd=new ProgressDialog(this);
                pd.setMax(100);
                pd.setProgressStyle(ProgressDialog.STYLE_HORIZONTAL);
                pd.setTitle("正在进行……");
                pd.setCancelable(false);
                break;
            }
            return pd;
        }
```

（5）修改覆盖方法 onPrepareDialog，内容如下：

```java
    public void onPrepareDialog(int id,Dialog dialog){
        super.onPrepareDialog(id, dialog);
        switch(id){
        case   PROGRESS_DIALOG:
```

```
                pd.incrementProgressBy(-pd.getProgress());
                new Thread(){
                    public void run(){
                        while(true){
                            hd.sendEmptyMessage(INCREASE);
                            if(pd.getProgress()>=100){
                                break;
                            }
                            try{
                                Thread.sleep(40);

                            }catch(Exception e){
                                e.printStackTrace();
                            }
                        }
                    }
                }.start();
                break;
            }
        }
```

（6）启动模拟器后在 ProgressDialogApp 项目上按鼠标右键，选择 Run As→Andriod Application 即可运行，程序运行结果如图 8-5 所示。

图 8-5　ProgressDialogApp 运行结果

8.5　Service

8.5.1　[引导任务 8-5-1] 制作一个服务程序

- 任务概述：实现 Service 服务程序，单击"启动服务"按钮时显示启动提示信息；单击"关闭服务"按钮时显示停止服务信息。
- 实现过程如下：

（1）建立一个新项目 MyServiceApp，修改 Strings.xml 文件内容，如下所示：

...
<string name="btnstart">启动服务</string>
<string name="btnclose">关闭服务</string>
...

（2）修改 activity_main.xml 文件内容，结果如下所示：

```
<Button
    android:id="@+id/button1"
    android:layout_width="wrap_content"
    android:layout_height="wrap_content"
    android:layout_alignParentLeft="true"
    android:layout_alignParentTop="true"
    android:layout_marginLeft="28dp"
    android:layout_marginTop="74dp"
    android:text="@string/btnstart" />

<Button
    android:id="@+id/button2"
    android:layout_width="wrap_content"
    android:layout_height="wrap_content"
    android:layout_alignBaseline="@+id/button1"
    android:layout_alignBottom="@+id/button1"
    android:layout_marginLeft="54dp"
    android:layout_toRightOf="@+id/button1"
    android:text="@string/btnclose" />
```

（3）新建一个类 MyBR，该类继承 BroadcastReceiver，类体内容如下：

```
public void onReceive(Context arg0, Intent arg1) {
    // TODO Auto-generated method stub
    try{
        Bundle bundle=arg1.getExtras();
        String mymsg=bundle.getString("mymsg");
        Toast.makeText(arg0, "服务信息："+mymsg, Toast.LENGTH_SHORT).show();
    }catch(Exception e){
        e.printStackTrace();
    }
}
```

（4）新建一个类 MyService，该类继承 Service，类体内容如下：

```
static final String MYFLAG="For you!";
int count=0;
boolean temp=true;
@Override
public IBinder onBind(Intent arg0) {
    // TODO Auto-generated method stub
    return null;
}
@Override
```

```java
        public void onCreate() {
            // TODO Auto-generated method stub
            super.onCreate();
            
        }
        @Override
        public void onDestroy() {
            // TODO Auto-generated method stub
            temp=false;
            super.onDestroy();
        }
        @Override
        @Deprecated
        public void onStart(Intent intent, int startId) {
            // TODO Auto-generated method stub
            
            super.onStart(intent, startId);
            new Thread(){
                public void run(){
                    while(temp){
                        count++;
                        if(count==10){
                            Intent intent=new Intent(MYFLAG);
                            intent.putExtra("mymsg", MYFLAG);
                            sendBroadcast(intent);
                            count=0;
                        }
                        try{
                            Thread.sleep(1000);
                        }catch(Exception e){
                            e.printStackTrace();
                        }
                    }
                }
            }.start();
        }
    }
```

（5）修改类 MainActivity，在该类中增加以下成员变量：

```java
    Button btns;
    Button btnc;
    OnClickListener listener;
```

然后修改 onCreate 方法，修改内容如下：

```java
    protected void onCreate(Bundle savedInstanceState) {
        super.onCreate(savedInstanceState);
        setContentView(R.layout.activity_main);
```

```java
        btns=(Button)this.findViewById(R.id.button1);
        btnc=(Button)this.findViewById(R.id.button2);
        listener=new OnClickListener(){

            @Override
            public void onClick(View v) {
                // TODO Auto-generated method stub
                Intent intent=new Intent(MainActivity.this,MyService.class);
                switch(v.getId()){
                case R.id.button1:
                    intent.setFlags(Intent.FLAG_ACTIVITY_NEW_TASK);
                    startService(intent);
                    Toast.makeText(MainActivity.this, "服务成功启动。", Toast.LENGTH_SHORT).show();
                    break;
                case R.id.button2:
                    if(stopService(intent)==true){
                        Toast.makeText(MainActivity.this, "服务成功关闭。", Toast.LENGTH_SHORT).show();
                    }
                    else{
                        Toast.makeText(MainActivity.this, "服务关闭失败。", Toast.LENGTH_SHORT).show();
                    }
                }
            }
        };
        btns.setOnClickListener(listener);
        btnc.setOnClickListener(listener);
    }
```

再修改 onPause 方法，修改内容如下：

```java
    protected void onPause() {
        // TODO Auto-generated method stub
        super.onPause();
        MyBR mybr=new MyBR();
        this.unregisterReceiver(mybr);
    }
```

最后修改 onResume 方法，修改内容如下：

```java
    protected void onResume() {
        // TODO Auto-generated method stub
        super.onResume();
        try{
            IntentFilter intentFilter=new IntentFilter(MyService.MYFLAG);
            MyBR mybr=new MyBR();
            registerReceiver(mybr, intentFilter);
        }catch(Exception e){
            e.printStackTrace();
```

           }
    }
（6）在 AndroidManifest.xml 文件中注册服务，内容如下：
    <application
        android:allowBackup="true"
        android:icon="@drawable/ic_launcher"
        android:label="@string/app_name"
        android:theme="@style/AppTheme" >
    …
        <service android:name=".MyService" android:exported="true" android:process=":remote">
        </service>
    </application>
（7）启动 Android 模拟器，在 MyServiceApp 项目上按鼠标右键，选择 Run As→Andriod Application 即可运行，程序运行结果如图 8-6 所示。

图 8-6 MyServiceApp 运行结果

8.5.2 [引导任务 8-5-2] 制作一个电话服务的程序

- 任务概述：调用系统的电话服务程序，单击"拨号"按钮时能调用系统的拨号程序。
- 实现过程如下：

（1）建立一个新项目 SysService，修改 Strings.xml 文件内容，如下所示：
    …
        <string name="btnCall">拨号</string>
    …
（2）修改 activity_main.xml 文件内容，结果如下所示：
    <Button
        android:id="@+id/button1"

```
        android:layout_width="wrap_content"
        android:layout_height="wrap_content"
        android:text="@string/btnCall" />
```
（3）修改 MainActivity 类中的 onCreate 方法，结果如下所示：
```
protected void onCreate(Bundle savedInstanceState) {
    super.onCreate(savedInstanceState);
    setContentView(R.layout.activity_main);
    Button btncall=(Button)this.findViewById(R.id.button1);
    btncall.setOnClickListener(new OnClickListener(){

        @Override
        public void onClick(View arg0) {
            // TODO Auto-generated method stub
            Intent callIntent=new Intent(Intent.ACTION_DIAL);
            MainActivity.this.startActivity(callIntent);
        }

    });
}
```
（4）在 AndroidManifest.xml 文件中注册 intent-filter，如下所示：
```
<application
    android:allowBackup="true"
    android:icon="@drawable/ic_launcher"
    android:label="@string/app_name"
    android:theme="@style/AppTheme" >
    <activity
        android:name="com.huang.sysservice.MainActivity"
        android:label="@string/app_name" >
        <intent-filter>
            <action android:name="android.intent.action.MAIN" />
            <category android:name="android.intent.category.LAUNCHER" />
        </intent-filter>
         <intent-filter>
           <action android:name="android.intent.action.CALL_BUTTON" />
           <category android:name="android.intent.category.DEFAULT" />
        </intent-filter>
    </activity>
</application>
```
（5）启动 Android 模拟器，在 SysService 项目上按鼠标右键，选择 Run As→Andriod Application 即可运行，程序运行结果如图 8-7 所示。

图 8-7　SysService 运行结果

8.6　训练任务

（1）制作一个图书信息列表界面：单击某一图书时显示该图书的书名、单价、作者、出版社、出版时间、图书 ISBN 等详细信息。

（2）设计编写一个程序：当有来电时，发送短信回复当前忙的信息。

单元 9 Android 手机程序的数据存取

1. 工作任务
（1）文件存取程序。
（2）数据库存取程序。
（3）http 网络存取。
2. 学习目标
（1）学会文件存取的方法。
（2）学会使用 SQlite 数据库。
（3）学会利用 HTTP 获取网络数据。

9.1 引导资料

在 Android 手机程序中，数据的存取方式有多种，如文件存取、SQLite 数据库存取、网络存取等。
- 文件存取方式与普通 Java 的文件存取类似。
- SQLite 数据库存取是采用数据库的形式存取数据。SQLite 的第一款Alpha 版本诞生于 2000 年 5 月，是一款轻型的数据库，并遵守 ACID 的关联式数据库管理系统，它的设计目标是嵌入式的，目前在很多嵌入式产品中使用了它。它占用的资源非常低，在嵌入式设备中，可能只需要几百 KB 的内存就够了。它能够支持 Windows/Linux/Unix 等主流操作系统，同时能够与很多程序语言相结合。
- 网络存取方式通过访问网络的数据来完成存取操作。

9.2 文件存取

9.2.1 [引导任务 9-2-1] 将游戏用户的信息存入文件

- 任务概述：在开始进行游戏前，要求输入玩家的信息以验证。为了有效保存玩家的信息，现需要对玩家的信息以文件形式进行保存。
- 实现过程如下：

（1）新建一个项目 FileApp。
（2）修改 String.xml 文件内容，结果如下所示：
　　　…
　　　　<string name="app_name">文件存储</string>
　　　　<string name="filename">文件名</string>
　　　　<string name="filecontent">输入文件内容</string>

```xml
        <string name="btnsave">保存</string>
        <string name="btnread">读取</string>
    <string name="savesuccess">存储成功!</string>
    ...
```

(3) 修改 activity_file.xml 文件内容，结果如下所示：
```xml
    <TextView
            android:id="@+id/textView1"
            android:layout_width="wrap_content"
            android:layout_height="wrap_content"
            android:layout_alignParentLeft="true"
            android:layout_alignParentTop="true"
            android:layout_marginLeft="18dp"
            android:layout_marginTop="16dp"
            android:text="@string/filename"
            tools:context=".FileActivity" />

        <EditText
            android:id="@+id/fileName"
            android:layout_width="wrap_content"
            android:layout_height="wrap_content"
            android:layout_alignLeft="@+id/textView1"
            android:layout_below="@+id/textView1"
            android:ems="10" >

            <requestFocus />
        </EditText>

        <TextView
            android:id="@+id/textView2"
            android:layout_width="wrap_content"
            android:layout_height="wrap_content"
            android:layout_alignLeft="@+id/fileName"
            android:layout_below="@+id/fileName"
            android:layout_marginTop="18dp"
            android:text="@string/filecontent"/>

        <EditText
            android:id="@+id/fileContent"
            android:layout_width="wrap_content"
            android:layout_height="wrap_content"
            android:layout_alignLeft="@+id/textView2"
            android:layout_below="@+id/textView2"
            android:minLines="3"
            android:layout_marginTop="19dp"
            android:ems="10" />
```

```xml
<Button
    android:id="@+id/button1"
    android:layout_width="wrap_content"
    android:layout_height="wrap_content"
    android:layout_alignLeft="@+id/fileContent"
    android:layout_below="@+id/fileContent"
    android:layout_marginTop="18dp"
    android:text="@string/btnsave"/>

<Button
    android:id="@+id/button2"
    android:layout_width="wrap_content"
    android:layout_height="wrap_content"
    android:layout_alignBaseline="@+id/button1"
    android:layout_alignBottom="@+id/button1"
    android:layout_toRightOf="@+id/textView2"
    android:text="@string/btnread" />
```

（4）新增一个类 FileService，用于完成文件存取操作，结果如下所示：

```java
public class FileService {
    private Context context;
    public FileService(Context context) {
        this.context = context;
    }
    public void save(String fileName,String fileContent) throws Exception{
        FileOutputStream  outstream=context.openFileOutput(fileName, Context.MODE_PRIVATE);
        outstream.write(fileContent.getBytes());
        outstream.close();
    }

    public String readFile(String fileName) throws Exception{
        FileInputStream instream=   context.openFileInput(fileName);
        byte[] buffer=new byte[1024];      //缓存
        int len=0;
        ByteArrayOutputStream  os=new ByteArrayOutputStream();
        while((len=instream.read(buffer))!=-1){
            os.write(buffer,0,len);
        }
        byte[] data=os.toByteArray();
        os.close();
        instream.close();
        String retData=new String(data);
        return retData;
    }

}
```

（5）打开 FirstActivity 源程序文件，在该类中增加以下几个成员变量：
```
public final String TAG="FileActivity";
FileService fileService;
EditText filename;
EditText filecontent;
```
然后修改 onCreate 方法，内容如下：
```
protected void onCreate(Bundle savedInstanceState) {
    super.onCreate(savedInstanceState);
    setContentView(R.layout.activity_file);
      fileService=new FileService(this);

    filename=(EditText)this.findViewById(R.id.fileName);
    filecontent=(EditText)this.findViewById(R.id.fileContent);

    Button btnsave= (Button)this.findViewById(R.id.button1);
    btnsave.setOnClickListener(new View.OnClickListener() {

        public void onClick(View v) {

            String fName=filename.getText().toString();
            String fcontent=filecontent.getText().toString();
            try {
                fileService.save(fName, fcontent);
                Toast.makeText(FileActivity.this, "存储成功！",1).show();
            } catch (Exception e) {
                Log.e(TAG, e.toString());
                Toast.makeText(FileActivity.this, "存储失败！",1).show();
            }
        }
    });

    Button btnRead=(Button)this.findViewById(R.id.button2);
    btnRead.setOnClickListener(new View.OnClickListener() {

        public void onClick(View v) {
            // TODO Auto-generated method stub
            try {
                String filec=fileService.readFile(filename.getText().toString());
                filecontent.setText(filec);
            } catch (Exception e) {
                // TODO Auto-generated catch block
                Log.e(TAG, e.toString());
                Toast.makeText(FileActivity.this, "读取失败！",1).show();
            }


        }
```

        });
    }
（6）启动 Android 模拟器，在 FileApp 项目上按鼠标右键，选择 Run As→Andriod Application 即可运行，程序运行结果如图 9-1 所示。

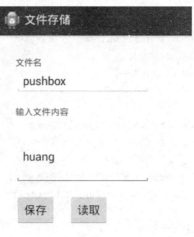

图 9-1　FileApp 运行结果

9.2.2　[引导任务 9-2-2] 将游戏用户的信息存入 SD 卡文件

- 任务概述：在开始进行游戏前，要求输入玩家的信息加以验证。为了有效保存玩家的信息，现需要对玩家的信息以文件的形式进行保存，并要求存入 SD 卡中。
- 实现过程如下：

（1）打开项目 FileApp。

（2）修改 String.xml 文件内容，结果如下所示：

　　…
　　　　<string name="app_name">文件存储</string>
　　　　<string name="filename">文件名</string>
　　　　<string name="filecontent">输入文件内容</string>
　　　　<string name="btnsave">保存</string>
　　　　<string name="btnread">读取</string>
　　　　<string name="btnsavesd">保存到 SDCARD</string>
　　　　<string name="btnreadsd">从 SDCARD 读取</string>
　　<string name="savesuccess">存储成功！</string>
　　…

（3）修改 activity_file.xml 文件内容，在该界面中增加两个按钮，结果如下所示：

```
        <Button
            android:id="@+id/button3"
            android:layout_width="wrap_content"
            android:layout_height="wrap_content"
            android:layout_alignLeft="@+id/fileContent"
            android:layout_below="@+id/button2"
            android:layout_marginTop="32dp"
```

```
                android:text="@string/btnsavesd" />

            <Button
                android:id="@+id/button4"
                android:layout_width="wrap_content"
                android:layout_height="wrap_content"
                android:layout_alignRight="@+id/button2"
                android:layout_below="@+id/button3"
                android:layout_marginTop="16dp"
                android:text="@string/btnreadsd" />
```

（4）修改类 FileService，用于完成 SD 卡文件存取操作，结果如下所示：
```
public class FileService {
    ...
    public void saveToSdCard(String fileName,String fileContent) throws Exception{
        File file=new File(Environment.getExternalStorageDirectory(),fileName);//"/mnt/sdcard"
        FileOutputStream   outstream=new FileOutputStream(file);
        outstream.write(fileContent.getBytes());
        outstream.close();
    }
    public String readFileFromSdCard(String fileName) throws Exception{
        FileInputStream instream=new FileInputStream(fileName);
        byte[] buffer=new byte[1024];        //缓存
        int len=0;
        ByteArrayOutputStream   os=new ByteArrayOutputStream();
        while((len=instream.read(buffer))!=-1){
            os.write(buffer,0,len);
        }
        byte[] data=os.toByteArray();
        os.close();
        instream.close();
        String retData=new String(data);
        return retData;
    }
}
```

（5）打开 FirstActivity 源程序文件，修改 onCreate 方法，增加两个按钮的事件，内容如下：
```
protected void onCreate(Bundle savedInstanceState) {
    ...
    Button btnsavetosdcard= (Button)this.findViewById(R.id.button3);
    btnsavetosdcard.setOnClickListener(new View.OnClickListener() {

        public void onClick(View v) {

            String fName=filename.getText().toString();
            String fcontent=filecontent.getText().toString();
            try {
```

```java
                    if(Environment.getExternalStorageState().equals(Environment.MEDIA_MOUNTED)){
                        fileService.saveToSdCard(fName, fcontent);
                        Toast.makeText(FileActivity.this, "存储成功！",1).show();
                    }
                    else{
                        Toast.makeText(FileActivity.this, "sdcard 不存在或写保护！",1).show();
                    }
                } catch (Exception e) {
                    Log.e(TAG, e.toString());
                    Toast.makeText(FileActivity.this, "存储失败！",1).show();
                }
            }
        });

        Button btnReadFromsdCard=(Button)this.findViewById(R.id.button4);
        btnReadFromsdCard.setOnClickListener(new View.OnClickListener() {

            public void onClick(View v) {
                // TODO Auto-generated method stub
                try {
                    if(Environment.getExternalStorageState().equals(Environment.MEDIA_MOUNTED)){
                        String filec=fileService.readFileFromSdCard(Environment.getExternalStorage-
                                Directory()+"/"+filename.getText().toString());
                        filecontent.setText(filec);
                    }else{
                        Toast.makeText(FileActivity.this, "sdcard 不存在或写保护！",1).show();
                    }

                } catch (Exception e) {
                    // TODO Auto-generated catch block
                    Log.e(TAG, e.toString());
                    Toast.makeText(FileActivity.this, "读取失败！",1).show();
                }
            }
        });
    }
```

（6）启动 Android 模拟器，在 FileApp 项目上按鼠标右键，选择 Run As→Andriod Application 即可运行，程序运行结果如图 9-2 所示。

9.2.3 [引导任务 9-2-3] 将游戏版本信息存入文件

- 任务概述：在安装游戏程序时，常要求保存游戏版本信息。现要求能正确地将游戏版本信息保存到 Preferences 对象文件中。

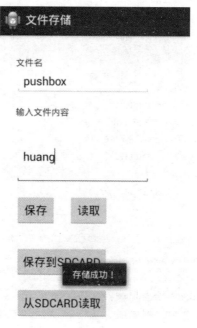

图 9-2　FileApp 运行结果

- 实现过程如下：

（1）新建一个项目 SharePreApp。

（2）修改 String.xml 文件内容，结果如下所示：

```
…
    <string name="modStr1">修改时间</string>
    <string name="modStr2">修改版本</string>
    <string name="btn1">确定</string>
    <string name="btn2">读取</string>
…
```

（3）修改 activity_share_pre.xml 文件内容，结果如下所示：

```
<TextView
    android:id="@+id/textView1"
    android:layout_width="wrap_content"
    android:layout_height="wrap_content"
    android:text="@string/modStr1" />

<EditText
    android:id="@+id/editText1"
    android:layout_width="wrap_content"
    android:layout_height="wrap_content"
    android:layout_alignLeft="@+id/textView1"
    android:layout_below="@+id/textView1"
    android:layout_marginLeft="16dp"
    android:layout_marginTop="23dp"
    android:ems="10" >
```

```xml
        <requestFocus />
    </EditText>

    <TextView
        android:id="@+id/textView2"
        android:layout_width="wrap_content"
        android:layout_height="wrap_content"
        android:layout_alignLeft="@+id/editText1"
        android:layout_below="@+id/editText1"
        android:layout_marginTop="56dp"
        android:text="@string/modStr2" />

    <EditText
        android:id="@+id/editText2"
        android:layout_width="wrap_content"
        android:layout_height="wrap_content"
        android:layout_alignLeft="@+id/textView2"
        android:layout_centerVertical="true"
        android:ems="10" />

    <Button
        android:id="@+id/button1"
        android:layout_width="wrap_content"
        android:layout_height="wrap_content"
        android:layout_alignLeft="@+id/editText2"
        android:layout_below="@+id/editText2"
        android:layout_marginLeft="14dp"
        android:layout_marginTop="52dp"
        android:text="@string/btn1" />

    <Button
        android:id="@+id/button2"
        android:layout_width="wrap_content"
        android:layout_height="wrap_content"
        android:layout_alignBottom="@+id/button1"
        android:layout_alignRight="@+id/editText2"
        android:layout_marginRight="22dp"
        android:text="@string/btn2" />
```

（4）修改类 SharePreActivity，新增如下成员变量：

```
EditText editText1=null;
EditText editText2=null;
```

然后修改 onCreate 方法，增加两个按钮的事件，内容如下：

```java
protected void onCreate(Bundle savedInstanceState) {
    super.onCreate(savedInstanceState);
    setContentView(R.layout.activity_share_pre);
    editText1=(EditText)this.findViewById(R.id.editText1);
```

```java
        editText2=(EditText)this.findViewById(R.id.editText2);
        Button btnSave=(Button)this.findViewById(R.id.button1);
        Button btnRead=(Button)this.findViewById(R.id.button2);
        btnSave.setOnClickListener(new View.OnClickListener() {

            public void onClick(View v) {
                // TODO Auto-generated method stub
                SharedPreferences sp=getSharedPreferences("mycopyright",Context.MODE_PRIVATE);
                Editor editor=sp.edit();
                editor.putString("dateinfo", editText1.getText().toString());
                editor.putString("copyinfo", editText2.getText().toString());
                editor.commit();
                Toast.makeText(SharePreActivity.this, "保存成功", 1).show();
            }

        });
        btnRead.setOnClickListener(new View.OnClickListener() {

            public void onClick(View v) {
                // TODO Auto-generated method stub
                SharedPreferences sp=getSharedPreferences("mycopyright",Context.MODE_PRIVATE);
                String strdate=sp.getString("dateinfo","");        //若 dateinfo 不存在则还回空串""
                String strcopy=sp.getString("copyinfo","");
                Toast.makeText(SharePreActivity.this, strdate+" "+strcopy, 1).show();
            }

        });

    }
```

（5）启动 Android 模拟器，在 SharePreApp 项目上按鼠标右键，选择 Run As→Andriod Application 即可运行，程序运行结果如图 9-3 所示。

图 9-3　SharePreApp 运行结果

9.3 数据库存储

[引导任务 9-2-1] 制作一个简单的图书信息管理程序

- 任务概述：实现一个简单的图书信息管理程序。主界面包括"增加""修改""删除""查询"等按钮。当单击"增加"按钮时，界面转到信息录入界面；当单击"查询"按钮时，用列表的形式显示所有的图书信息；当单击"修改"按钮或"删除"按钮时，提示操作方式及显示图书列表。
- 实现过程如下：

（1）建立一个新项目 SqliteApp。修改 Strings.xml 文件内容，如下所示：

```
…
    <string name="btnAdd">增加</string>
    <string name="btnMod">修改</string>
    <string name="btnDel">删除</string>
    <string name="btnSel">查询</string>
    <string name="btnSave">保存</string>
    <string name="tvName">图 书 名</string>
    <string name="tvPrice">图书单价</string>
…
```

（2）打开 activity_sqlite.xml 文件并修改其内容如下：

```
<Button
    android:id="@+id/btnAdd"
    android:layout_width="wrap_content"
    android:layout_height="wrap_content"
    android:layout_alignParentLeft="true"
    android:layout_alignParentTop="true"
    android:layout_marginTop="23dp"
    android:text="@string/btnAdd" />

<Button
    android:id="@+id/btnSel"
    android:layout_width="wrap_content"
    android:layout_height="wrap_content"
    android:layout_alignBaseline="@+id/btnDel"
    android:layout_alignBottom="@+id/btnDel"
    android:layout_alignParentRight="true"
    android:text="@string/btnSel" />

<Button
    android:id="@+id/btnDel"
    android:layout_width="wrap_content"
    android:layout_height="wrap_content"
    android:layout_alignBaseline="@+id/btnMod"
```

```xml
            android:layout_alignBottom="@+id/btnMod"
            android:layout_marginRight="17dp"
            android:layout_toLeftOf="@+id/btnSel"
            android:text="@string/btnDel" />

        <Button
            android:id="@+id/btnMod"
            android:layout_width="wrap_content"
            android:layout_height="wrap_content"
            android:layout_alignBaseline="@+id/btnAdd"
            android:layout_alignBottom="@+id/btnAdd"
            android:layout_marginRight="14dp"
            android:layout_toLeftOf="@+id/btnDel"
            android:text="@string/btnMod" />

        <ListView
            android:id="@+id/listCourse"
            android:layout_width="match_parent"
            android:layout_height="wrap_content"
            android:layout_alignRight="@+id/btnSel"
            android:layout_below="@+id/btnAdd"
            android:layout_marginTop="60dp" >
        </ListView>
```

（3）在 layout 文件夹中新建两个 xml 布局文件，即 item.xml 和 moddate.xml。item.xml 用于列表显示，moddate.xml 用于修改或增加信息时的录入界面。

item.xml 文件的主要内容如下所示：

```xml
<LinearLayout xmlns:android="http://schemas.android.com/apk/res/android"
    xmlns:tools="http://schemas.android.com/tools"
    android:layout_width="match_parent"
    android:layout_height="match_parent"
    android:orientation="horizontal" >

    <TextView
        android:id="@+id/cid"
        android:layout_width="80dp"
        android:layout_height="wrap_content"
        android:text="txtcid" />

    <TextView
        android:id="@+id/cname"
        android:layout_width="150dp"
        android:layout_height="wrap_content"
        android:text="txtcname" />

        <TextView
            android:id="@+id/cprice"
```

```xml
            android:layout_width="fill_parent"
            android:layout_height="wrap_content"
            android:text="cprice" />

    </LinearLayout>
```
moddate.xml 文件的主要内容如下所示：
```xml
<LinearLayout xmlns:android="http://schemas.android.com/apk/res/android"
    android:layout_width="match_parent"
    android:layout_height="match_parent"
    android:orientation="vertical" >

    <TextView
        android:id="@+id/textView1"
        android:layout_width="wrap_content"
        android:layout_height="wrap_content"
        android:text="@string/tvName" />

    <EditText
        android:id="@+id/editText1"
        android:layout_width="match_parent"
        android:layout_height="wrap_content"
        android:ems="10" >

        <requestFocus />
    </EditText>

    <TextView
        android:id="@+id/textView2"
        android:layout_width="wrap_content"
        android:layout_height="wrap_content"
        android:text="@string/tvPrice" />

    <EditText
        android:id="@+id/editText2"
        android:layout_width="match_parent"
        android:layout_height="wrap_content"
        android:ems="10" />

    <Button
        android:id="@+id/btnSave"
        android:layout_width="wrap_content"
        android:layout_height="wrap_content"
        android:text="@string/btnSave" />

</LinearLayout>
```

(4) 打开 SqliteActivity 类,为该类增加如下成员变量:
 CourseService cs;
 EditText etname;
 EditText etprice;
 Button btnSave;
 String cid;
 String cname;
 String cprice;
 Button btnadd;
 Button btnmod;
 Button btndel;
 Button btnSel;
 View layout1;
 View layout2;

然后修改该类的 onCreate 方法,程序如下:
```
    protected void onCreate(Bundle savedInstanceState) {
        super.onCreate(savedInstanceState);
        LayoutInflater inflater = getLayoutInflater();   //解决用 setContentView(R.layout.moddate)进行页面
                                                         //切换后按钮无响应的问题
        layout1 = inflater.inflate(R.layout.activity_sqlite, null);
        layout2 = inflater.inflate(R.layout.moddate, null);
        setContentView(layout1);
        this.cs = new CourseService(this);
        btnadd = (Button) this.findViewById(R.id.btnAdd);
        btnmod = (Button) this.findViewById(R.id.btnMod);
        btndel = (Button) this.findViewById(R.id.btnDel);
        btnSel = (Button) this.findViewById(R.id.btnSel);
        btnadd.setOnClickListener(new OnClickListener() {

            @Override
            public void onClick(View arg0) {
                // TODO Auto-generated method stub

                setContentView(layout2);
                btnSave = (Button) findViewById(R.id.btnSave);
                etname = (EditText) findViewById(R.id.editText1);
                etprice = (EditText) findViewById(R.id.editText2);
                etname.setText("");
                etprice.setText("");
                btnSave.setOnClickListener(new OnClickListener() {

                    @Override
                    public void onClick(View arg0) {
                        // TODO Auto-generated method stub
                        if (etname.getText().equals(null)
                            || etprice.getText().equals(null)) {
```

```java
            } else {
                String name = etname.getText().toString().trim();
                float price = Float.parseFloat(etprice.getText()
                        .toString().trim());
                Course course = new Course(1, name, price);

                cs.save(course);
                setContentView(layout1);
                queryDate();
            }
        }

    });
    }

});

btnmod.setOnClickListener(new OnClickListener() {

    @Override
    public void onClick(View arg0) {
        // TODO Auto-generated method stub
        Toast.makeText(SqliteActivity.this, "请先选择要修改的记录然后单击!",
                Toast.LENGTH_SHORT).show();
        queryDate();
    }

});
btndel.setOnClickListener(new OnClickListener() {

    @Override
    public void onClick(View arg0) {
        // TODO Auto-generated method stub
        Toast.makeText(SqliteActivity.this, "请先选择要删除的记录然后长按!",
                Toast.LENGTH_SHORT).show();
        queryDate();
    }

});
btnSel.setOnClickListener(new OnClickListener() {

    @Override
    public void onClick(View arg0) {
        // TODO Auto-generated method stub
        queryDate();
```

            }
        });
    }
（5）新增方法 queryDate，主要完成查询列表工作，以及单击和长时间按列表项时的事件响应，内容如下：

```
        private void queryDate() {
            List<Course> courses = cs.getAllCourse();
            ListView lv = (ListView) findViewById(R.id.listCourse);
            List<HashMap<String, Object>> data = new ArrayList<HashMap<String, Object>>();

            for (Course course : courses) {
                HashMap<String, Object> item = new HashMap<String, Object>();
                item.put("cid", course.getCid());
                item.put("cname", course.getCname());
                item.put("cprice", course.getCprice());
                data.add(item);
            }
            String[] tempstr = new String[] { "cid", "cname", "cprice" };
            int[] tempint = new int[] { R.id.cid, R.id.cname, R.id.cprice };
            SimpleAdapter adapter = new SimpleAdapter(SqliteActivity.this, data,
                    R.layout.item, tempstr, tempint);
            lv.setAdapter(adapter);

            lv.setOnItemLongClickListener(new OnItemLongClickListener() {     //长按提示删除

                @Override
                public boolean onItemLongClick(AdapterView<?> parent, View arg1,
                        int position, long arg3) {
                    listtoItem(parent, position);
                    new AlertDialog.Builder(SqliteActivity.this)
                            .setTitle("提示信息")
                            .setMessage("是否删除")
                            .setPositiveButton("确定",
                                    new DialogInterface.OnClickListener() {

                                        @Override
                                        public void onClick(DialogInterface arg0,
                                                int arg1) {
                                            // TODO Auto-generated method stub
                                            cs.delete(Integer.parseInt(cid));
                                            Toast.makeText(SqliteActivity.this,
                                                    "删除成功！ ", Toast.LENGTH_SHORT)
                                                    .show();
                                            setContentView(layout1);
                                            queryDate();
```

```java
                                }
                            })
                    .setNegativeButton("取消",
                            new DialogInterface.OnClickListener() {

                                @Override
                                public void onClick(DialogInterface arg0,
                                        int arg1) {
                                    // TODO Auto-generated method stub
                                    setContentView(layout1);
                                }
                            }).show();
            return false;
        }

    });

    lv.setOnItemClickListener(new OnItemClickListener() {      //单击提示修改

        public void onItemClick(AdapterView<?> parent, View arg1,
                int position, long arg3) {
            // TODO Auto-generated method stub
            listtoItem(parent, position);
            setContentView(layout2);
            btnSave = (Button) findViewById(R.id.btnSave);
            etname = (EditText) findViewById(R.id.editText1);
            etprice = (EditText) findViewById(R.id.editText2);
            etname.setText(cname);
            etprice.setText(cprice);
            btnSave.setOnClickListener(new OnClickListener() {

                @Override
                public void onClick(View arg0) {
                    // TODO Auto-generated method stub
                    if (etname.getText().equals(null)
                            || etprice.getText().equals(null)) {
                        Toast.makeText(SqliteActivity.this,
                                "不能为空！", Toast.LENGTH_SHORT)
                                .show();
                    } else if(etprice.getText().){

                    }else {
                        String name = etname.getText().toString().trim();
                        float price = Float.parseFloat(etprice.getText()
                                .toString().trim());
                        Course course = new Course(Integer.parseInt(cid),
```

```
                            name, price);
                    cs.update(course);
                    setContentView(layout1);
                    queryDate();
                }
            }
        });
    }
});
}
```

（6）新增方法 listtoItem，该方法主要完成从列表数据提取单个数据信息，内容如下：
```
private void listtoItem(AdapterView<?> parent, int position) {
    ListView ls = (ListView) parent;

    HashMap<String, Object> item1 = (HashMap<String, Object>) ls
            .getItemAtPosition(position);
    cid = item1.get("cid").toString();
    cname = item1.get("cname").toString();
    cprice = item1.get("cprice").toString();
}
```

（7）启动模拟器后，在 SqliteApp 项目上按鼠标右键，选择 Run As→Andriod Application 即可运行，程序运行结果如图 9-4 所示。

图 9-4　SqliteApp 运行结果

9.4　HTTP 网络存取

9.4.1　[引导任务 9-4-1] 获取网页源码

- 任务概述：设计一个程序，使用该程序能获取指定网页的源码内容。
- 实现过程如下：

（1）新建一个项目 GetHtmlApp。

（2）修改 String.xml 文件内容，结果如下所示：

```
...
    <string name="app_name">Html 源码</string>
    <string name="urlstr">网址</string>
        <string name="codeview">查看</string>
...
```

（3）修改 main.xml 文件内容，结果如下所示：

```
<LinearLayout xmlns:android="http://schemas.android.com/apk/res/android"
    android:orientation="vertical"
    android:layout_width="fill_parent"
    android:layout_height="fill_parent"
    >

    <TextView
        android:id="@+id/textView1"
        android:layout_width="wrap_content"
        android:layout_height="wrap_content"
        android:text="@string/urlstr" />

    <EditText
        android:id="@+id/editText1"
        android:layout_width="match_parent"
        android:layout_height="wrap_content"
        android:ems="10"
        android:text="http://www.hycollege.net" />

    <Button
        android:id="@+id/button1"
        android:layout_width="wrap_content"
        android:layout_height="wrap_content"
        android:text="@string/codeview" />

    <ScrollView
        android:layout_width="fill_parent"
        android:layout_height="425dp" >
```

```
            <TextView
                android:layout_width="fill_parent"
                android:layout_height="wrap_content"
                android:id="@+id/textView"
                />
        </ScrollView>
    </LinearLayout>
```

（4）打开 MainActivity 源程序文件，为类增加 getHtml 方法。

```
        public String getHtml(String path) throws Exception {
            URL url = new URL(path);
            HttpURLConnection conn = (HttpURLConnection) url.openConnection();
            conn.setRequestMethod("GET");
            conn.setConnectTimeout(5 * 1000);
            InputStream inStream = conn.getInputStream();       //通过输入流获取 html 数据
            ByteArrayOutputStream outStream = new ByteArrayOutputStream();
            byte[] buffer = new byte[1024];
            int len = 0;
            while ((len = inStream.read(buffer)) != -1) {
                outStream.write(buffer, 0, len);
            }
            inStream.close();
            String html = new String(outStream.toByteArray(), "utf-8");    //二进制数据
            return html;
        }
```

（5）修改 MainActivity 类的 onCreate 方法。

```
        public void onCreate(Bundle savedInstanceState) {
            super.onCreate(savedInstanceState);
            setContentView(R.layout.main);
            Button viewcode = (Button) this.findViewById(R.id.button1);

            viewcode.setOnClickListener(new OnClickListener() {

                @Override
                public void onClick(View v) {
                    // TODO Auto-generated method stub
                    TextView textView = (TextView) findViewById(R.id.textView);
                    EditText ethtml = (EditText) findViewById(R.id.editText1);
                    try {
                        textView.setText(getHtml(ethtml.getText().toString().trim()));
                    } catch (Exception e) {
                        Log.e("MainActivity", e.toString());
                        Toast.makeText(MainActivity.this, "网络连接失败", 1).show();
                    }
                }

            });

        }
```

（6）修改 AndroidManifest.xml 文件内容，增加网络访问权限。

<uses-permission android:name="android.permission.INTERNET"/>

（7）启动 Android 模拟器。在 GetHtmlApp 项目上按鼠标右键，选择 Run As→Andriod Application 即可运行，程序运行结果如图 9-5 所示。

图 9-5　GetHtmlApp 运行结果

9.4.2　[引导任务 9-4-2] 获取网络图片

- 任务概述：设计一个程序，使用该程序能获取指定网络图片的内容。
- 实现过程如下：

（1）新建一个项目 GetPicApp。

（2）修改 String.xml 文件内容，结果如下所示：

```
...
    <string name="app_name">网络图片</string>
    <string name="urlstr">网址</string>
        <string name="codeview">查看</string>
...
```

（3）修改 activity_main.xml 文件内容，结果如下所示：

```
<LinearLayout xmlns:android="http://schemas.android.com/apk/res/android"
    android:layout_width="fill_parent"
    android:layout_height="fill_parent"
    android:orientation="vertical" >

    <TextView
        android:id="@+id/textView1"
```

```
                android:layout_width="wrap_content"
                android:layout_height="wrap_content"
                android:text="@string/urlstr" />

            <EditText
                android:id="@+id/editText1"
                android:layout_width="match_parent"
                android:layout_height="wrap_content"
                android:ems="10"
                android:text="http://www.hycollege.net/images/xcp.png" />

            <Button
                android:id="@+id/button1"
                android:layout_width="wrap_content"
                android:layout_height="wrap_content"
                android:text="@string/codeview" />

            <ImageView
                android:id="@+id/imageView1"
                android:layout_width="match_parent"
                android:layout_height="wrap_content"
                android:layout_weight="0.83"
                android:src="@drawable/ic_launcher" />

        </LinearLayout>
```

（4）打开 MainActivity 源程序文件，为类增加下述成员变量：
```
static String uripic="";
ImageView iv;
EditText et;
Bitmap bt=null;
URL   uri=null;
```
（5）新增一个类 DownPic，该类用于异步下载图片（在 4.0 以下版本可直接在 UI 线程中使用下载程序），内容如下：
```
import java.io.InputStream;
import java.net.URL;

import android.graphics.Bitmap;
import android.graphics.BitmapFactory;
import android.os.AsyncTask;
import android.widget.ImageView;

public class DownPic extends AsyncTask<Object, Object, Object> {
    private ImageView imageView;
    @Override
    protected Object doInBackground(Object... params) {
        // TODO Auto-generated method stub
```

```
            Object url = params[0];
            Object bitmap = null;
            try {
            InputStream is = new URL(url.toString()).openStream();
            bitmap = BitmapFactory.decodeStream(is);
            } catch (Exception e) {
            e.printStackTrace();
            }
            return bitmap;
        }

            @Override
            protected void onPostExecute(Object result) {
                // TODO Auto-generated method stub
                imageView.setImageBitmap((Bitmap) result);
            }

            public DownPic(ImageView imageView) {
            // TODO Auto-generated constructor stub
            this.imageView = imageView;
            }

}
```

（6）然后修改 MainActivity 类的 onCreate 方法：
```
        public void onCreate(Bundle savedInstanceState) {
            super.onCreate(savedInstanceState);
            setContentView(R.layout.activity_main);

            Button btn=(Button)this.findViewById(R.id.button1);
            EditText et=(EditText)this.findViewById(R.id.editText1);
            iv=(ImageView)this.findViewById(R.id.imageView1);
            uripic=et.getText().toString();
            btn.setOnClickListener(new OnClickListener(){

                @Override
                public void onClick(View arg0) {
                    // TODO Auto-generated method stub
                    URL   img=null;
                    Bitmap bt=null;
                    try{
                        img=new URL(uripic);

                    }catch(Exception e){
                        e.printStackTrace();
                    }
                     new DownPic(iv).execute(uri);
```

            });
        }
（7）修改 AndroidManifest.xml 文件内容，即增加网络访问权限。
　　　　<uses-permission android:name="android.permission.INTERNET"/>
（8）启动 Android 模拟器，在 GetPicApp 项目上按鼠标右键，选择 Run As→Andriod Application 即可运行，程序运行结果如图 9-6 所示。

图 9-6　GetPicApp 运行结果

9.5　训练任务

（1）利用 SQLite 制作一个游戏用户信息管理程序，要求完成用户信息的增加、删除、修改和查询等操作。

（2）制作一个网络图片库程序，实现能从网络上下载图片并浏览各图片的功能。

单元 10　Android 程序的媒体应用

1. 工作任务
（1）制作一个简单的音频播放器。
（2）制作一个简单的视频播放器。
2. 学习目标
（1）学会使用 MediaPlayer 类。
（2）学会使用 SurfaceView 类。

10.1　MediaPlayer

Android 的 MediaPlayer 包含了 Audio 和 Video 的播放功能。在 Android 的界面上，Music 和 Video 两个应用程序都是调用 MediaPlayer 实现的，上层还包含了进程间通信等内容，这种进程间通信的基础是 Android 基本库中的 Binder 机制。

[引导任务 10-1-1] 制作一个简单的音频播放器

- 任务概述：制作一个简单的音频播放器，能完成指定音乐的播放、暂停、停止等功能。
- 实现过程如下：

（1）新建一个项目 MediaApp。
（2）修改 String.xml 文件内容，结果如下所示：

```
...
        <string name="hello_world">请输入音乐名称</string>
        <string name="menu_settings">Settings</string>
        <string name="mStart">开始</string>
        <string name="mPause">暂停</string>
        <string name="mRestart">重播</string>
        <string name="mStop">停止</string>
        <string name="mContinue">继续</string>
...
```

（3）修改 activity_media.xml 文件内容，结果如下所示：

```
        <RelativeLayout xmlns:android="http://schemas.android.com/apk/res/android"
            xmlns:tools="http://schemas.android.com/tools"
            android:layout_width="match_parent"
            android:layout_height="match_parent" >

            <TextView
                android:id="@+id/textView1"
```

```xml
        android:layout_width="wrap_content"
        android:layout_height="wrap_content"
        android:layout_alignParentLeft="true"
        android:layout_alignParentTop="true"
        android:layout_marginLeft="18dp"
        android:layout_marginTop="14dp"
        android:text="@string/hello_world"
        tools:context=".MediaActivity" />

    <EditText
        android:id="@+id/editText1"
        android:layout_width="wrap_content"
        android:layout_height="wrap_content"
        android:layout_alignLeft="@+id/textView1"
        android:text="test.mp3"
        android:layout_below="@+id/textView1"
        android:ems="10" >

        <requestFocus />
    </EditText>


    <LinearLayout
        android:layout_width="wrap_content"
        android:layout_height="wrap_content"
        android:layout_alignLeft="@+id/editText1"
        android:layout_below="@+id/editText1"
        android:layout_marginTop="36dp" >

    <Button
        android:id="@+id/button1"
        android:layout_width="wrap_content"
        android:layout_height="wrap_content"
        android:layout_alignParentLeft="true"
        android:layout_below="@+id/editText1"
        android:text="@string/mStart"/>

    <Button
        android:id="@+id/button2"
        android:layout_width="wrap_content"
        android:layout_height="wrap_content"
        android:layout_below="@+id/editText1"
        android:layout_toRightOf="@+id/button1"
        android:text="@string/mPause" />

    <Button
```

```xml
        android:id="@+id/button3"
        android:layout_width="wrap_content"
        android:layout_height="wrap_content"
        android:layout_below="@+id/editText1"
        android:layout_centerHorizontal="true"
        android:text="@string/mRestart" />

    <Button
        android:id="@+id/button4"
        android:layout_width="wrap_content"
        android:layout_height="wrap_content"
        android:layout_alignBaseline="@+id/button3"
        android:layout_alignBottom="@+id/button3"
        android:layout_marginLeft="15dp"
        android:layout_toRightOf="@+id/button3"
        android:text="@string/mStop" />
    </LinearLayout>

</RelativeLayout>
```

（4）打开 MediaActivity 源程序文件，为该类增加以下成员变量：

```java
MediaPlayer mediaPlayer=null;
EditText filenameText=null;
String filename=null;
int position=0;
```

（5）在 MediaActivity 类增加一个内部类 ButtonClickListener，用于按钮的事件监听：

```java
private final class ButtonClickListener implements View.OnClickListener{


    public void onClick(View v) {
        // TODO Auto-generated method stub
        Button bv=(Button)v;
        try{
            switch(v.getId()){
            case R.id.button1:
                //File mf=new File(Envirment.);
                play();
                break;
            case R.id.button2:
                if(mediaPlayer.isPlaying()){
                    mediaPlayer.pause();
                    bv.setText(R.string.mContinue);
                }else{
                    mediaPlayer.start();
                    bv.setText(R.string.mPause);
                }
                break;
```

```
            case R.id.button3:
                if(mediaPlayer.isPlaying()){
                    mediaPlayer.seekTo(0);

                }else{
                    play();
                }
                break;
            case R.id.button4:
                if(mediaPlayer.isPlaying()){
                    mediaPlayer.stop();
                }
                break;
            }

        }catch(Exception ex){
            Log.e("MediaActivity", ex.toString());
        }
    }
}
```
（6）在 MediaActivity 类中新增一个方法 play，以完成播放功能：
```
public void play() throws IllegalArgumentException, IllegalStateException, IOException{
    mediaPlayer.reset();
    File audioFile=new File(Environment.getExternalStorageDirectory(),filename);
    //Log.i("MediaActivity",audioFile.getAbsolutePath());
    mediaPlayer.setDataSource(audioFile.getAbsolutePath());//("/mnt/sdcard/zxmzf.mp3");
    mediaPlayer.prepare();
    mediaPlayer.start();
    //Log.i("MediaActivity",audioFile.getAbsolutePath());
}
```
（7）修改 MediaActivity 类的 onCreate 方法：
```
public void onCreate(Bundle savedInstanceState) {
    super.onCreate(savedInstanceState);
    setContentView(R.layout.activity_media);

    mediaPlayer=new MediaPlayer();
    ButtonClickListener bcl=new ButtonClickListener();
    filenameText=(EditText)this.findViewById(R.id.editText1);
    Button mplay=(Button)this.findViewById(R.id.button1);
    Button mpause=(Button)this.findViewById(R.id.button2);
    Button mreset=(Button)this.findViewById(R.id.button3);
    Button mstop=(Button)this.findViewById(R.id.button4);
    mplay.setOnClickListener(bcl);
    mpause.setOnClickListener(bcl);
    mreset.setOnClickListener(bcl);
    mstop.setOnClickListener(bcl);
```

```
            filename=filenameText.getText().toString();
     }
```

（8）为保存中断（如电话打入）时的状态，在 MediaActivity 类中生成 onPause 和 onResume 覆盖方法，方法内容如下：

```
     protected void onPause() {
         // TODO Auto-generated method stub
         if(mediaPlayer.isPlaying()){
             position=mediaPlayer.getCurrentPosition();
             mediaPlayer.stop();
         }
         super.onPause();
     }

     protected void onResume() {
         // TODO Auto-generated method stub
         if(position>0&&filename!=null){
             try {
                 play();
                 mediaPlayer.seekTo(position);
                 position=0;
             }catch(Exception ex){
                 Log.e("MediaActivity", ex.toString());
             }
         }
         super.onResume();
     }
```

（9）启动 Android 模拟器，在 MediaApp 项目上按鼠标右键，选择 Run As→Andriod Application 即可运行，程序运行结果如图 10-1 所示。

图 10-1　MediaApp 的运行结果

10.2　SurfaceView

在 Android 中，SurfaceView 是一个重要的绘图容器，它可以直接从内存或者 DMA 等硬件接口取得图像数据。通常情况下，程序的 View 和用户响应都是在同一个线程中处理的。如果需要在另外的线程中绘制界面、需要迅速地更新界面或者需要较长时间的渲染 UI 界面，这些情况就要使用 SurfaceView 了。SurfaceView 中包含一个 Surface 对象，而 Surface 是可以在后台线程中绘制的。

[引导任务 10-2-1] 制作一个简单的视频播放器

- 任务概述：制作一个简单的视频播放器，能完成指定视频的播放、暂停、停止等功能。
- 实现过程如下：

（1）新建一个项目 AudioApp。

（2）修改 String.xml 文件内容，结果如下所示：

```
...
<string name="app_name">视频播放器</string>
<string name="filename">视频文件</string>
<string name="sdcarderror">SDCARD 不存在</string>
...
```

（3）修改 activity_media.xml 文件内容，结果如下所示：

```xml
<LinearLayout xmlns:android="http://schemas.android.com/apk/res/android"
    android:orientation="vertical"
    android:background="#ffffff"
    android:layout_width="fill_parent"
    android:layout_height="fill_parent"
    >
<TextView
    android:layout_width="fill_parent"
    android:layout_height="wrap_content"
    android:text="@string/filename"
    />

<EditText
    android:layout_width="fill_parent"
    android:layout_height="wrap_content"
    android:text="test.mp4"
    android:id="@+id/filename"
    />

<LinearLayout
    android:orientation="horizontal"
    android:layout_width="fill_parent"
    android:layout_height="wrap_content"
    >
    <ImageButton
        android:layout_width="wrap_content"
        android:layout_height="wrap_content"
        android:src="@drawable/play"
        android:id="@+id/play"
```

```xml
        />
        <ImageButton
            android:layout_width="wrap_content"
            android:layout_height="wrap_content"
            android:src="@drawable/pause"
            android:id="@+id/pause"
        />
        <ImageButton
            android:layout_width="wrap_content"
            android:layout_height="wrap_content"
            android:src="@drawable/reset"
            android:id="@+id/reset"
        />
        <ImageButton
            android:layout_width="wrap_content"
            android:layout_height="wrap_content"
            android:src="@drawable/stop"
            android:id="@+id/stop"
        />
    </LinearLayout>

    <SurfaceView
        android:layout_width="fill_parent"
        android:layout_height="240dip"
        android:id="@+id/surfaceView"
    />
</LinearLayout>
```

（4）打开 VedioActivity 源程序文件，为该类实现 SurfaceHolder.Callback 接口，并生成需要实现的方法：surfaceCreated、surfaceChanged 及 surfaceChanged，同时为该类增加以下成员变量：

```java
private static final String TAG = "VedioActivity";
private EditText filenameText;
private MediaPlayer mediaPlayer;
private SurfaceView surfaceView;
private String filename;
private int position;
```

（5）在 VedioActivity 类增加一个内部类 ButtonClickListener，用于按钮的事件监听：

```java
private final class ButtonClickListener implements View.OnClickListener{
    @Override
    public void onClick(View v) {
        if(!Environment.getExternalStorageState().equals(Environment.MEDIA_MOUNTED)){
            Toast.makeText(VedioActivity.this, R.string.sdcarderror, 1).show();
            return;
        }
        filename = filenameText.getText().toString();
        try {
```

```java
            switch (v.getId()) {
            case R.id.play:
                play();
                break;

            case R.id.pause:
                if(mediaPlayer.isPlaying()){
                    mediaPlayer.pause();
                }else{
                    mediaPlayer.start();
                }
                break;
            case R.id.reset:
                if(mediaPlayer.isPlaying()){
                    mediaPlayer.seekTo(0);
                }else{
                    play();
                }
                break;
            case R.id.stop:
                if(mediaPlayer.isPlaying()) mediaPlayer.stop();
                break;
            }
        } catch (Exception e) {
            Log.e(TAG, e.toString());
        }
    }
}
```

（6）在 VedioActivity 类中新增一个方法 play，以完成播放功能，如下所示：

```java
private void play() throws IOException {
    File videoFile = new File(Environment.getExternalStorageDirectory(), filename);

    FileInputStream fis = new FileInputStream(videoFile);

    mediaPlayer.reset();            //重置为初始状态
    mediaPlayer.setAudioStreamType(AudioManager.STREAM_MUSIC);
    /* 设置 Video 影片以 SurfaceHolder 播放 */
    mediaPlayer.setDisplay(surfaceView.getHolder());
    mediaPlayer.setDataSource(fis.getFD());   //mediaPlayer.setDataSource(videoFile.getAbsolutePath());
    mediaPlayer.prepare();          //缓冲
    mediaPlayer.start();            //播放
}
```

（7）修改 VedioActivity 类的 onCreate 方法：

```java
public void onCreate(Bundle savedInstanceState) {
    super.onCreate(savedInstanceState);
    setContentView(R.layout.main);
```

```java
filenameText = (EditText)this.findViewById(R.id.filename);

surfaceView = (SurfaceView) this.findViewById(R.id.surfaceView);
surfaceView.getHolder().setFixedSize(176, 144);    //设置分辨率
surfaceView.getHolder().setType(SurfaceHolder.SURFACE_TYPE_PUSH_BUFFERS);
surfaceView.getHolder().addCallback(this);

mediaPlayer = new MediaPlayer();
ButtonClickListener listener = new ButtonClickListener();
ImageButton playButton = (ImageButton)this.findViewById(R.id.play);
ImageButton pauseButton = (ImageButton)this.findViewById(R.id.pause);
ImageButton resetButton = (ImageButton)this.findViewById(R.id.reset);
ImageButton stopButton = (ImageButton) this.findViewById(R.id.stop);
playButton.setOnClickListener(listener);
pauseButton.setOnClickListener(listener);
resetButton.setOnClickListener(listener);
stopButton.setOnClickListener(listener);
}
```

（8）为保存中断（如电话打入）时的状态，在 VedioActivity 类中重写方法 surfaceCreated 及 surfaceDestroyed，方法内容如下：

```java
public void surfaceCreated(SurfaceHolder holder) {
    if(position>0 && filename!=null){
        try {
            play();
            mediaPlayer.seekTo(position);
            position = 0;
        } catch (IOException e) {
            Log.e(TAG, e.toString());
        }
    }
}

public void surfaceDestroyed(SurfaceHolder holder) {
    if(mediaPlayer.isPlaying()){
        position = mediaPlayer.getCurrentPosition();
        mediaPlayer.stop();
    }
}
```

（9）启动 Android 模拟器，在 AudioApp 项目上按鼠标右键，选择 Run As→Andriod Application 即可运行，程序运行结果如图 10-2 所示。

图 10-2　AudioApp 的运行结果

10.3　训练任务

（1）制作一个图像数据采集程序。
（2）完善视频播放器，使其能完成视频播放列表功能。